JN256986

自動車軽量化のための
プラスチック材料

舊橋　章 著

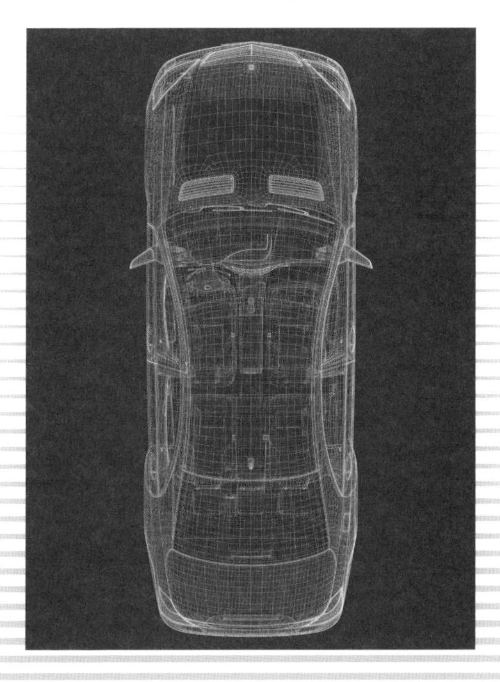

日刊工業新聞社

序

近年の自動車の発達は目覚しいものがあり、その進化はとどまるところを知らない。これらの進化に大きく貢献してきたのが、材料とエレクトロニクスの発達であると言える。中でも、材料面でのプラスチックの果たした役割は極めて大きいものがあり、今後、環境問題などに対応する上でも、電気自動車や燃料電池車への移行は必然であり、車体の軽量化は最大のテーマの一つで、プラスチック材料の更なる活用は避けることのできない問題であると考えられる。

著者は、過去30余年にわたって、ドイツのK、米国のNPEやSPIのStructural Plastics Conference、英国のInterplasなどを中心に多くの海外のプラスチック展示会を取材し、その概要を業界雑誌に報告してきたが、それらの中で、自動車部品への開発、応用例の展示がかなりの部分を占めていた。特に多くのプラスチック材料メーカーが、積極的にプラスチック材料の自動車部品への応用開発のアイデアを提案し、軽量化やコストダウンの効果をPRしていた。

これらの応用開発例の展示の傾向をプラスチック材料別にたどってみると、その材料の特性をいかにして有効に自動車部品に活用してきたかが見えてくる。本書では、著者がこれまでの30余年にわたる欧米のプラスチック展示会で取材した情報について、自動車部品や産業機械などへの応用開発の例をまとめたものである。したがって、新しい応用開発例の乏しいPVCやFRPなどは省かれている。

本書の出版に当たって、取材に協力して頂いた各社に心より感謝するとともに、その後の業界再編などで現在は存在しない会社もあるが、取材や写真撮影を許可して頂いたのは当時の会社なので、あえて旧社名を使用させて頂いた。

2016年2月

著　者

目　次

プロローグ　欧米に見るオールプラスチックカーへの歴史

第1章　ポリエチレン系プラスチックと自動車部品への応用

第2章　ポリプロピレン系プラスチックと自動車部品への応用

第3章　ガラス長繊維強化PPコンポジットと自動車構造体への応用

第4章　ポリスチレン系プラスチックと自動車部品への応用

第5章　熱可塑性ポリエステル系プラスチックと自動車部品への応用

第6章　ポリカーボネートと自動車部品への応用

第7章　ポリエーテル系プラスチックと自動車部品への応用

第8章　ポリアミド系プラスチックと自動車部品への応用

第9章　ポリウレタン系プラスチックと自動車部品への応用

第10章　再生可能な生物由来プラスチックの開発と自動車部品への応用

プロローグ

欧米に見るオールプラスチックカーへの歴史

自動車先進国の欧米におけるプラスチックボディの採用は、1950年代から始まった。その歴史を知るために、GM（ゼネラルモータース）社のCorvetteに採用されたFRPボディをはじめとして、現在の熱可塑性プラスチック製品の採用に至るまでの歴史を、欧米の幾つかの代表的な車で紹介してみよう。

P-1 初めてFRPボディパネルを採用したGM社のChevrolet Corvette

当時スポーツカー部門で立ち遅れていたGM社は、ヨーロッパのスポーツカーに対抗してスポーツカーの分野に参入するため、1953年にChevrolet部門初の2シーター･オープンスポーツカー、Chevrolet Corvetteのプロトタイプを公開した。当時の自動車は鉄のフレームに鉄板を張り付けた、いわゆる鉄の塊であったが、Chevrolet Corvetteは鉄のフレームに初めてFRPパネルをボディ全面に張り付けた斬新的なスポーツカーであった。

翌年の1954年から量産に入ったが、当初はFRPの品質が悪く、ボディパネルがゆがんでしまったりし、エンジンも水冷6気筒、3,900 cc、150馬力ということもあって、スポーツカーとしてはあまり評価されなかった。GM社は直ちに改良に着手し1956年には水冷8気筒エンジンを搭載し、排気量4,300 ccから5,400 cc、馬力も200馬力から300馬力以上にと改良を加えた。その結果、数々のカーレースに入賞するようになり、スポーツカーとしての地位を確立していった[1)]。

1954年から1962年までに生産されたモデルはC1型と呼ばれ、その後も改良が加えられながら、C2型（1963年～1967年）、C3型（1968年～1982年）、C4型（1984年～1996年）、C5型（1997年～2004年）、C6型（2005年～2012年）、

写真 P-1 GM 社の Chevrolet Corvette C4 型
（K'92 にて、Owens Corning 社展示より）

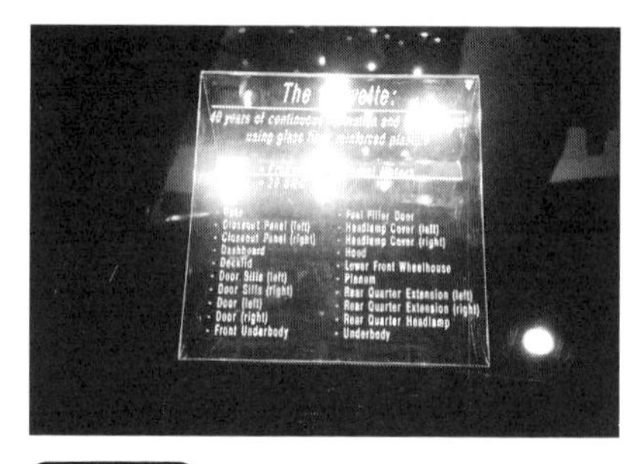

写真 P-2 Chevrolet Corvette C4 型に採用された FRP 製の 20 個の部品の表示パネル
（K'92 にて、Owens Corning 社展示より）

C7 型（2013 年〜）と、現在でも 60 年にわたって生産され続けている[1)]。特に 2013 年 1 月のデトロイトでの国際自動車ショーで公開された新型の Chevrolet Corvette C7 型は、アルミニウムを骨格に採用して軽量化し[2)]、GM 社の脱国有化の象徴として注目された[3)]。

写真 P-1 は C4 型の Chevrolet Corvette で、ドイツの K'92 にガラス繊維メーカーの Owens Corning 社によって展示されたもので、傍らにはパネルで 20 個の SMC 製の部品が組み付けられていることを示していた（**写真 P-2**）。

P-2 綿や紙の繊維を強化材とした FRP ボディの東ドイツ製 Trabant

同じ頃、当時共産主義体制下にあった東ドイツでも、FRP 製ボディの小型車 Trabant が開発された。1958 年に市販されたこの車は、東ドイツの国営企業 VEB Sachsenring Automobilwerke Zwickau 社（VEB ザクセンリンク）が製造販売した車で、直列 2 気筒 2 ストローク、排気量 594 cc の空冷横置きエンジンを搭載した前輪駆動方式を採用した[4)]。

そのボディには綿や紙の繊維を強化材とした FRP が使われ、1990 年のベルリンの壁崩壊の年まで製造された。東西ドイツ統一後も、しばらくは旧西ドイツ内でも、その独特の姿が見られたが、2008 年に排ガス規制が強化されたことから、特別の許可を取らないと走らせることはできなくなり、急速に姿を消

写真 P-3　東ドイツのVEB Sachsenring社が1958年から1990年まで生産販売したTrabant
（1992年ドルトムント市のホテルの駐車場にて）

していった。しかし、特殊な愛嬌ある外見と誰でも修理が可能な車として、今でも特別許可を取って走らせているマニアも多いという[4)]。

写真 P-3は、著者がK'92取材の際に宿泊したドルトムント市のホテルの駐車場で見かけたTrabantである。

P-3　垂直外板にポリウレタンを採用したGM社のPontiac Fiero

Corvetteに続いて、GM社は1983年にバンパー・フェイシャーおよび垂直外板にポリウレタンのR-RIM成形品、水平外板にFRPを採用した、最初で最後のミッドエンジンタイプの2シーター・スポーツカーPontiac Fieroのプロトタイプを公開し、1983年8月から量産に入った。この車の構造上の特長は、2,500 ccおよび2,800 ccのミッドエンジンレイアウトで、頑丈なスペースフレームの上にプラスチック製のボディパネルを張り付けた構造は、パネルなしでも走行可能であると言われた。このプラスチックパネルは純粋に化粧用のものとまでも言われ、構造上の負荷は全くないとされていた。このスペースフレーム技術は、後のSaturn SシリーズやChevrolet Lumina APVに引き継がれている[5)]。

このPontiac Fieroは、Fiero、Fiero SE、Fiero GT、Fieroスポーツ他、幾つかのモデルが開発販売されたが、1988年9月には生産が中止された。その原因の一つには初期のモデルに発生したエンジン火災にあるとされているが、ボディパネルに採用したPURのR-RIMの生産技術が現在よりは未熟で、特に量産性において、コストパフォーマンスが期待ほど得られなかったこともその原因の一つとされている[5)]。現在ではPURのR-RIM製品は成形方法もより改善され、中･小規模ロットの生産に適しているとして、トラックや農業機械などの部品に使用されている。

P-4　BMW社も1986年にオールプラスチックカーBMW Z-1を発売

ドイツのBMW社は1986年にシャーシー以外の主な部品を全てプラスチック化した2,500 cc、2人乗りのスポーツカー、Z-1ロードスターを公開し（**写真P-4**）、翌年のフランクフルト･モーターショーに展示した。当時の人気は凄まじく、生産前に5,000台の受注があったと言われている[6)]。

ボディに使われたスチールの使用量は、僅か130 kgで、フロントフェイシャーおよびリアフェイシャーにポリエステル系TPE（GE Plastics社のLomod）、フロントフェンダー、ドアパネル、リアコーターパネル、ロッカーパネルにはPBT/PCブレンド樹脂（GE Plastics社のXenoy），サイドドアサポート、ロッカーパネル補強にはガラス長繊維/PBTからなるGMT（GE Plastics社のAzmet）、水平外板にはガラス長繊維/エポキシ樹脂コンポジット〔(Gevetex Textilglas社のガラス長繊維とDow Chemical社のエポキシ樹脂を使ったSeger＋Hoffman AGのレジントランスファーモールディング成形品(**写真P-5**)〕、シャーシーの床にはFRP製品をアンダートレーに採用した、本格的なオールプラスチックカーであると宣伝された[7)]。

Z-1の特長の一つは、ドアがボディ内部に垂直に引き込まれる上下動式であること、そしてもう一つの特長はシャーシーに組み付けられたボディパネルが簡単に取り換えることができ、約40分間で好みの色に交換することができる

写真 P-4　BMW 社の Z-1 ロードスター（1990 年 10 月ドイツ・ミュンヘンの販売店にて）

写真 P-5　ガラス長繊維/エポキシ樹脂のレジントランスファー成形でつくられた Z-1 のリア水平パネル（K'89 にて、Gevetex Textilglas 社展示より）

写真 P-6　フロントフェンダー、フロントエプロン、リアエプロンに GE Plastics 社の Noryl GTX を採用した日産自動車（株）の Be-1（新素材展'87 にて、GE Plastics 社展示より）

ことにあった。ボディパネルの色は 6 色の外装色と 4 色の内装色が選択できるようになっていた。シャーシーは Pontiac Fiero と同様に、パネルなしでも走行可能で、ボディパネルはデザイン性とエアロダイナミック構造を提供するように設計されている。

しかし、フロントフェンダーの取り付けボルト穴からクラックを発生する事例が多発したことから、Xenoy はフェンダー用材料としては適していないことが明らかとなり、その後 GE Plastics 社は、Noryl GTX（変性 PPE とポリアミド樹脂とのブレンド樹脂）をフロントフェンダー用樹脂として推奨するようになった。同じ頃、1987 年に日本で発売された日産自動車（株）の Be-1（**写真 P-6**）には、フロントフェンダー、フロントエプロン、リアエプロンに Noryl GTX が採用されている。

BMW 社の Z-1 は、1986 年から 1991 年までに 8,012 台生産されたが、その大部分はドイツで販売された[6)]。

P-5 GM社の量産乗用車で初めて熱可塑性プラスチック外板を採用したSaturn

Chevrolet CorvetteでのFRP、Pontiac FieroでのPURと熱硬化性プラスチックを採用してきたGM社は、1990年に発売したSaturn Sシリーズに、水平外板を除く全ての外装部品に初めて熱可塑性プラスチックを採用した[8)]。フロントフェンダー、リアコーターパネルにはGE Plastics社のNoryl GTX（変性PPE/PA6ブレンド樹脂）を採用し（**写真P-7**）、ドアパネルにはDow Chemical社のPulse（PC/ABSブレンド樹脂）、フロントおよびリアバンパー・フェシャーにはHimont社のHifax（PP系TPE）を採用した。1台当たりのプラスチック使用量は450 lbに達し、米国の1990年の1台当たり平均使用量225 lbの2倍となった[9)]。プラスチック部品の採用による軽量化、燃費の向上に加えて、多少の衝突ではボディが凹まないといったメリットを強調していた。

この車は、当時米国市場でシェアーを拡大していた日本車に対抗するため、GM社の子会社として1985年にテネシー州スプリングヒルに設立されたSaturn Corporationで生産されたものである。当初発売されたSシリーズは、

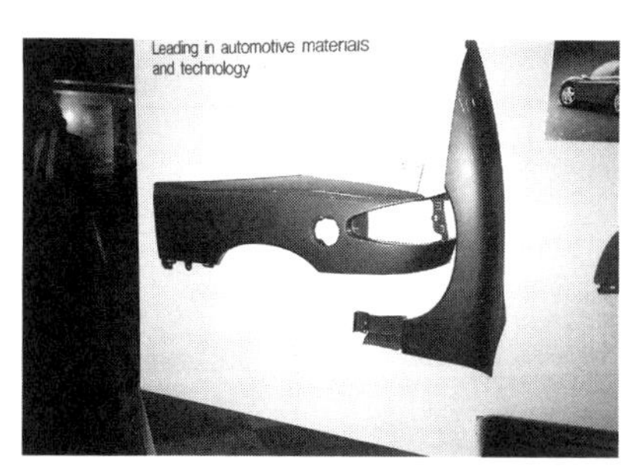

写真P-7　GM社のSaturnに採用されたNoryl GTX製のフロントフェンダー（右）とリアコーターパネル（左）(Interplas '90にて、GE Plastics社展示より)

写真P-8　GMの最初の小型大衆車Saturn SL。フロントフェンダー、リアコーターパネルにはGE Plastics社の変性PPE/PA (Noryl GTX)、フロント/リアバンパーにはHimont社のTPE、ドア外板にはDow Chemical社のABS/PCブレンド樹脂を採用
(Interplas '90にて、GE Plastics社提供)

1,900 cc、4気筒で、4ドアセダンSL（**写真P-8**）と2ドアクーペSCという米国では比較的小型の車であった。1993年には5ドアワゴンSWも追加発売された。その後Lシリーズとしてより高級な、2,200 cc、4気筒や3,000 cc、6気筒のエンジンを搭載したSUVやスポーツカーなども発売されたが、親会社のGM社の経営破綻により、2010年にSaturnブランドは廃止された[10)]。

P-6 樹脂メーカーの積極的なオールプラスチックコンセプトカーの開発

自動車メーカーがオールプラスチックカーを開発するのに当たって、大きな力となってきたのが樹脂メーカーによる独自のコンセプトカーの開発である。中でもGE Plastics社（現SABIC Innovative Plastics社）は 早くから数多くのオール熱可塑性プラスチックコンセプトカーを開発し、プラスチック化することにより軽量化だけでなく、デザインの自由化、さらに部品の一体化によるコストダウンが図れることを各種の展示会などで積極的にPRしてきた。

例えばNPE'88では、外板、バンパー、インスツルメントパネル、内装などに同社のNoryl（PPO/PS）、Xenoy（PBT/PC）、Azdel（GMT）を多用するだけでなく、外板パネルを交換するだけで簡単にスポーツカーからセダン、ワゴン、ピックアップなどに変えることのできるコンセプトカー、MAX（**写真P-9**）を展示して注目された[11)]。

さらに、K'89ではもう一つのオールプラスチックコンセプトカーとしてSITEV'88で公表したVECTOR Ⅰをより改良したVECTOR Ⅱ（**写真P-10**）を公開した。このコンセプトカーでは、ボンネットやテールゲート、フロントモジュール、インパネロアなどに大胆に熱可塑性プラスチックを採用した。特に熱硬化性コンポジットしか使われていなかったボンネットなどの水平外板に、熱可塑性のGMT、Azloy（長繊維GF/PBT/PCコンポジット）を内側に、Noryl GTX（PPO/PA）を表面にした熱可塑性プラスチック複合体（**写真P-11**）が使われているのが注目された[12)]。

同社はこのVECTOR Ⅱの安全性を確認するため、Motor Industry Research Association（MIRA）でクラッシュテストの他、各種のテストを受け、良好な

写真P-9　GE Plastics社が開発した、外板パネルを交換するだけでスポーツカーからセダン、ワゴン、ピックアップなどに変えることのできるオールプラスチックコンセプトカー、MAX
（NPE'88にて、GE Plastics社提供）

写真P-10　オール熱可塑性プラスチックカーを目指すGE Plastics社のコンセプトカー、VECTORⅡ
（K'89にて、GE Plastics社展示より）

写真P-11　世界初の熱可塑性プラスチック複合体、Azloy／Noryl GTX製のVECTORⅡのボンネット
（K'89にて、GE Plastics社展示より）

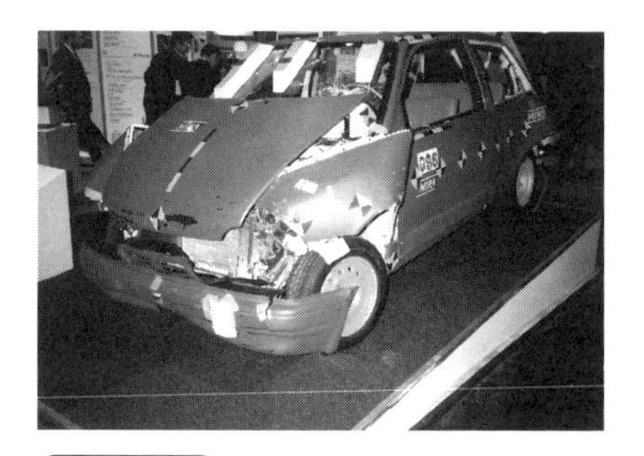

写真P-12　MIRAのクラッシュテストを受けたVECTORⅡ。ドアには異常がない
（Interplas'90にて、GE Plastics社展示より）

結果を得ている[13)]。中でも36 km/hrの追突や48 km/hrの正面衝突でもドアの開閉は正常に作動するなど、バンパービームなどの構造体にGMTを採用した効果として、テストで破壊された車体をInterplas'90のGE Plastics社のブースに展示して（**写真P-12**）、その安全性を強調していた。

さらに1991年にはリサイクラブル設計を取り入れたコンセプトカーCONTEXT（**写真P-13**）を開発し、SAEやNPE'91で公開した[13)]。このコンセプトカーではバンパーシステム、アンダーフードコンポーネント、インスツ

写真P-13　熱可塑性プラスチックを採用し、リサイクラブル設計を取り入れたGE Plastics社のコンセプトカー、CONTEXT
（NPE'91にて、GE Plastics社提供）

写真P-14　外板の全てにNoryl GTX（PPE/PA）を採用したGE Plastics社のオールプラスチックボディカー、Ethos
（K'92にて、GE Plastics社展示より）

写真P-15　GE Plastics社のオール熱可塑性プラスチック製電気スクーター、SPARK
（K'92にて、GE Plastics社展示より）

ルメントパネル、フロントエンドシステム、リフトゲート、外板パネルなどに熱可塑性プラスチックを使ったリサイクラブル設計を取り入れている[14)]。

翌年のK'92では2件のオールプラスチックカーを公開している[15)]。その一つはアルミニウムフレームのボディ外板の全てにNoryl GTX変性PPE/PA（PPE/PA）を使い、デザイン・フォー・ディスアッセンブリー設計のファスナーで固定されたコンセプトカー、Ethos（**写真P-14**）で、3気筒のツーストロークエンジンの2人乗りのオープンカーである。

もう一つは、SPARKと名付けられた電気スクーターで、フレームおよびシートモジュールにAZDEL（GMT）、外板にXenoy（PBT/PC）、エンジンコントロールシステムにUltem（PEI）、ヘッドライトランプユニットにABS樹脂とPCと、全て熱可塑性プラスチックを使ったリサイクラブル設計の軽量電気スクーターである（**写真P-15**）。

P-7 フロントエンドにGMTを採用したVW社のGolf A3

GM社のCorvetteが採用した熱硬化性の不飽和ポリエステル系FRPに代わって、より量産性やリサイクル性に優れた熱可塑性のガラス長繊維強化コンポジットGMT（Glass Mat Thermoplastics）をフロントエンドに採用して、SPEなど多くの賞を受賞して話題を呼んだのがVW社のGolf A3である（**写真P-16**）。

このフロントエンド（**写真P-17**）は、従来の金属製に比べて比重が軽く、耐衝撃性に優れ、熱硬化性プラスチックのFRPに比べてもより強靭で、リサイクルが容易になっている。15個の金属部品を僅か3.7 kgの1個のGMT製品に集約し、軽量化と同時に大幅なコストダウンに成功した。GMT製フロントエンドを採用したことによって、組立ラインも数10分間短縮できたという。当時、このフロントエンドは1991年春から量産に入り、年間130万個生産され、さらにAudiやVolvo社などに採用されていった[16]。

P-8 期待はずれだったChrysler社のNEON[17]

1994年にChrysler社から発売されたNEONは、当時日本車キラーと宣伝され、多くのマスコミで報道された。排気量2,000 ccの小型車で、新しい技術

写真P-16　PP系GMTフロントエンドを組み込んだVW社のGolf A3（K'92にて、Pressmerck Könger社展示より）

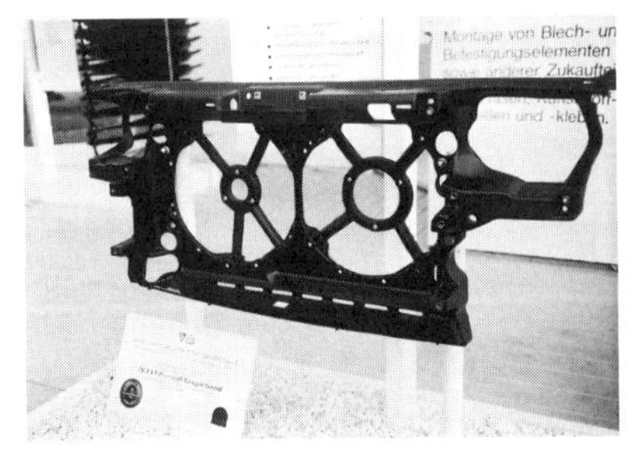

写真P-17　PP系GMT（GF 40 %）で成形されたGolf A3のフロントエンド（K'92にて、Pressmerck Könger社展示より）

を取り入れた“One of the Friendliest Cars on Earth”とパンフレットにもうたい、プラスチック部品を多く取り入れ、環境対策やリサイクラブル設計を大幅に取り入れたと強調された（**写真P-18**）。

新しく使われたプラスチック製部品の一つは、EGR付き2,000 ccエンジンに取り付けられたDuPont社のGF 33 %入りPA6.6製のインテーク・マニホールドで、アルミニウム製に比べて60 %の重量減とリサイクル性の向上を達成し、内面の平滑さから来る空気の流れの改良によるエンジン性能の向上に役立っている（**写真P-19**）。またガソリンタンクの栓とカバーやラゲージラックなど10点にDuPont社の樹脂が使われた。カウエルベントグリルには、BASF社のLuran（ASA樹脂）が使われ（**写真P-20**）、天井のヘッドライナーには同社の熱可塑性PURを使った、熱成形によるELASTOFREXシステムが用いられた。

写真P-18　1994年にChrysler社から発売された2,000 ccカーNEONの標準装備車
（1994年6月、Detroitの販売店にて）

写真P-19　NEONに採用されたロストコア法によるGF 33 %入りPA6.6製のインテークマニホールド
（NPE’94にて、DuPont社提供）

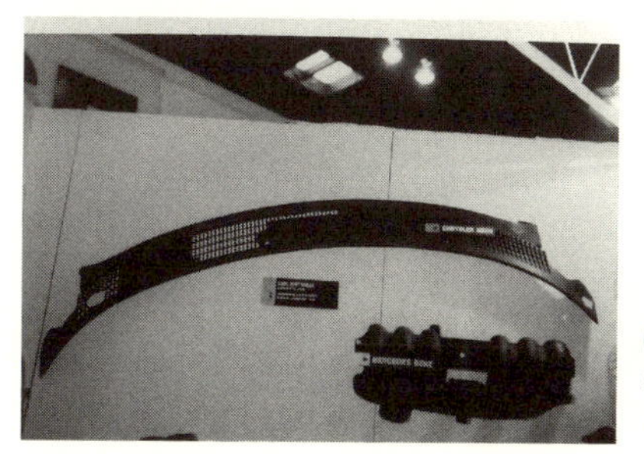

写真P-20　NEONに採用されたBASF社のASA樹脂製のカウエルベントグリル
（NPE’94にて、BASF社展示より）

前後のバンパー・フェイシャーには、PP系プラスチックに水ベースの塗装をしたものが用いられ、環境に配慮したシステムを採用している。

エアコンなしのベースモデル車は8,975ドルで、トヨタ自動車(株)のカローラ、日産自動車(株)のセントラ、ホンダ技研工業(株)のシビックに対抗する価格設定ではあったが、品質面では日本車には遠く及ばず、標準装備車の価格は1万4,398ドルで当時人気のあったGM社のSaturnと同価格帯にあり、日本車キラーと宣伝された割には革新的な技術もなく、当時GM社のSaturnやFord社のEscortなどに後れを取った小型乗用車部門での挽回を図って、開発を急いだ産物と見られた。

1999年には、Daimler社との合弁により大幅な改良がなされ、日本向け仕様の右ハンドル車も開発されたが、品質、性能など同クラスの日本車には及ばず、2006年には生産を終了した[18)]。

P-9　フロントフェンダー、リアフェンダーに熱可塑性プラスチックのオンライン・インライン塗装を採用したVW社のnew beetle

1990年代後半になると、プラスチック製の外装部品を金属製外装部品と同様に、オンライン・インラインで塗装することのできる熱可塑性プラスチックが開発され、実車に採用されるようになった。

1998年3月に米国で売り出されたVW社のnew beetle（**写真P-21**）は、フロントフェンダーとリアフェンダーにGE Plastics社のNoryl GTX 964（変性PPE/PA）を採用したが、その塗装は従来プラスチック製品に必要だったオフラインでの塗装に対して、金属製品の塗装工程と同様にオンライン・インライン塗装工程が採用され、カラーマッチングの改良と大幅なコストダウンに寄与している[19)]。

さらに、グローブボックスやセンターコンソールにはBayer社のLustran ABS樹脂が、その他、Makrolon（PC）製のヘッドライト・レンズなどBayer社の樹脂を使った合計14個の製品が採用されている。

new beetleはそのクラシックなスタイルから、米国で発売以来爆発的な売れ行きを示し、その年の秋にはヨーロッパで、翌年の1999年には日本でも発

写真P-21　フロントフェンダー、リアフェンダーにGE Plastics社のNoryl GTX 964（変性PPE/PA）のオンライン・インライン塗装を採用したVW社のnew beetle
（K'98にて、GE Plastics社提供）

写真P-22　フロントフェンダーにGE Plastics社のNoryl GTX 964のインライン塗装を採用したMercedes Benz社の小型車Aクラス
（日本ジーイープラスチックス社提供）

売された。2010年3月で生産終了となった。2012年に2代目として改良された新型モデルがthe beetleの名で発売されている[20]。

1997年に発売されたMercedes Benz社の小型車AクラスにもGE Plastics社のNoryl GTX 964（変性PPE/PA）がそのフロントフェンダーに使われている（**写真P-22**）。フロントフェンダーは、導電性プライマー塗装後にインライン塗装工程で車体と同時に焼付け塗装されている[19]。

P-10　オールプラスチックボディパネルを採用したMCC社のsmart

1995年のK'95で、Mercedes Benz社とスイスの時計メーカーSwatch社の合弁企業、Micro Compact Car（MCC）社が、2人乗りのミニカー、smart Swatch Carを1997年に発売するとしてコンセプトカーを発表した[21]。その際、このミニカーのボディパネルは、ルーフを含めて全てプラスチック製となると公表したことから自動車業界初の試みとして注目された。このコンセプトカーをもとに実用車を開発するため、原料樹脂システムパートナーとしてGE Plastics社やBASF社を、成形技術などの生産システムサプライヤーとしてDynamit Nobel社を選定し、南フランスのHambachで工場建設に着手した。

写真 P-23　Micro Compact Car（MCC）社から 1998 年に発売されたオールプラスチックボディカー、smart
（K'98 にて、BASF 社提供）

そして 1998 年 10 月、量産車として欧州初のオールプラスチックボディカー、smart が発売された（**写真 P-23**）。

smart の名は、Swatch 社の S と Mercedes Benz 社の M に芸術の art を組み合わせたものである。フロント、サイドパネル、およびドアパネルは GE Plastics 社の Xenoy（PC/PBT）が使われ、ルーフ、スポイラー、リアランプカバーには BASF 社の Luran S（ASA 樹脂）が使われた。いずれも原料着色樹脂の射出成形でつくられ、表面塗装はプライマーなしのポリイソシアネート系のクリアコートで仕上げられている。

ルーフの内装も成形されたルーフ外板と内装織物を金型にセットして、PUR の発泡成形と組み立てを一体化し、塗装の省略と併せて大幅な低コスト生産に成功している。その他、**表 P-1** に示すように、BASF 社のプラスチックも多くの部品に使われ、最もオールプラスチックカーに近い実用車となった[22]。

しかし設計上の問題で横転しやすい欠点が明らかとなり、設計を根本的に変更したため、多額の投資が必要となり、事業としては 2006 年まで赤字が続き、2007 年にフルモデルチェンジした smart for two の発売後、やっと黒字に転換した。その間、Mercedes Benz 社は Chrysler 社と合併して DaimlerChrysuler 社となり、2000 年には Swach 社が完全撤退し、2002 年には社名も MCC 社か

表 P-1 smartに使われたBASF社のプラスチック製の部品（K'98にて、BASF社提供）

部 品 名	原料樹脂	グレード	供給メーカー
ディーゼルエンジンのインテークマニホールド	ウルトラミド（PA6）	B3WG6	Montaplast
ラジエータータンクのチャージエアインタークーラー	ウルトラミド（PA6.6）	A3WG6	Behr
サーモスタットハウジング	ウルトラミド（PA6.6）	A3HG6 HR	Wahler
ドアミラーのハウジングとサポート	ウルトラミド（PA6）	B35G3 schwarz	Magneti Marell
ドアミラーベース	ウルトラミド（PA6）	B35G3 schwarz	Magneti Marell
カバー	ウルトラミド（PA6）	B35G3 schwarz	Dynamit Nobel
EPSハウジング	ウルトラミド（PBT）	B4300 G6	Bosch
電動部ハウジング	ウルトラミド（PBT）	B4300 G6	Bosch
フロントグリル、サービスフラップ	ルーランS（ASA）	778T schwarz	Dynamit Nobel
リアランプカバー	ルーランS（ASA）	778T bronce 35152 Q42	Reitter+Schefenacker
ブレーキランプ付きスポイラー	ルーランS（ASA）	778T sw 2599+KR 2864 C sw 89828	Reitter+Schefenacker
ヘッドランプハウジング	ホスタコム（PPコンパウンド）	NX10079 natur	Aries
ダッシュボード	ホスタコム（PPコンパウンド）	XM1 H01 natur	Möllerplast
ステアリングカラムトリム	ホスタコム（PPコンパウンド）	XM2 T20 805531	Wafa
セントラルコンソールインスツルメントパネル	ホスタコム（PPコンパウンド）	XM2 T20 805531	Roth（kammerer）
クロスメンバートリム	ホスタコム（PPコンパウンド）	XM2 T20 805531	Möllerplast
荷物入れ側壁ライニング	ホスタコム（PPコンパウンド）	XM2 U35 805531	Simoldes
センターコンソール、トランスミッション	ホスタコム（PPコンパウンド）	PPU X9067 HS 805531	Simoldes
ダッシュボードシェルフ	ホスタコム（PPコンパウンド）	XM2 U35 805531	Möllerplast
ドア、テールゲートトリムパネル	ホスタコム（PPコンパウンド）	XM2 U35 805531	Happich
ドアアームレスト	ホスタコム（PPコンパウンド）	2611PCTA5 9176	Happich
ドアポケット	ホスタコム（PPコンパウンド）	PPU X9067 HS 805531	Inoplast
ルーフパネル	ルーランS（ASA/PC）	KR 2861/1C	Hagedom
ルーフフォーム	エラストフレックス（PUR）	E3509	Meritor
エネルギーアブソーバー、フロント、ボトム	ネオポーレン（PPフォーム）		Taracell
フロントスペーサー2個	ネオポーレン（PPフォーム）		Taracell
リアサポート2個	ネオポーレン（PPフォーム）		Taracell
フロントサスペンションバッファー	セラスト（PUR）	MH24-50	Elastogran
リアサスペンションバッファー	セラスト（PUR）	MH24-60	Elastogran

写真 P-24　Borealis 社の TPO コンパウンド Daplen ED230 HP の射出成形でつくられた smart for two のボディパネル
（K 2007 にて、Borealis 社提供）

ら smart 社に変更され、現在は Mercedes Benz 社の完全子会社になっている[23)]。

2007 年型 smart for two では、ボディ外板のほとんどに、量産車としては世界で初めて Borealis 社の PP 系の TPO コンパウンド、Daplen ED230 HP の射出成形品を採用し 15 %の軽量化に成功した（**写真 P-24**）。さらに塗装工程に掛かるコストを低減させるため、原料着色コンパウンドを使い、耐候性の付与のためのクリアコートのみの塗装とした[24)]。

ここに至るまでにも、2001 年には smart K、2003 年にはロードスターなど幾つかのモデルを開発上市している。2004 年には 4 人乗りの smart for four が発売され、三菱コルトとプラットフォームを共用するなど、日本でも話題となったが、販売が振るわず 2006 年には製造が中止された[23)]。

P-11　近未来のオールプラスチックカー：カーボンコンポジットカー

ヨーロッパプラスチック協会連合会（Plastics Europe）は、増加する人間社会の「移動」の問題で、自動車、列車、航空機などは、プラスチックを利用することによってより軽量化が可能であるとして、これらの金属部品やガラスを

写真 P-25　Plastics Europe が「Visions in Polymers」の中で環境問題解決の有力手段として車の軽量化を PR する CF コンポジットカー、X BOW
（K 2010 にて、Plastics Europe 展示より）

プラスチックに置き換えることを2010年10月のデュッセルドルフのメッセで開かれたK2010のパネルディスカッションの場で強くアピールした。そのステージには近未来のオールプラスチックカーとして、カーボンファイバー（CF）コンポジットでつくられたCFコンポジットカーのプロトタイプ、X BOW（**写真 P-25**）を公開展示し、車台など現在は金属でつくられている部品も、近い将来CFコンポジットで置き換えられる可能性が高いことをPRしていた[25)]。

日本でも東レ(株)が、2013年5月のパシフィコ横浜で開催された「人と車のテクノロジー展」で、炭素繊維複合材（CFRP）製の部品を組み込んだコンセプトカーを公開した。この車に使われたCFRP製部品は、モノコックボディの他、バンパー、クラッシュボックス、ドアインナー、フード、ルーフ、トランクリッド、ホイールなどで、車の軽量化や安全性の向上、そして環境問題の改善にも役立つとアピールしている[26)]。

CFコンポジットの車部品への採用に当たって、最大の障害は価格の問題である。近い将来、CFコンポジットの量産などで自動車材料として使用可能な価格が実現すれば、CFコンポジットカーの実用性は急速に高まるものと思われる。

参　考　文　献

1）フリー百科事典、ウィキペデイア（Wikipedia）、シボレー･コルベット
2）日本経済新聞 2013 年 1 月 15 日
3）読売新聞 2013 年 1 月 16 日
4）フリー百科事典、ウィキペディア（Wikipedia）、トラバント
5）フリー百科事典、ウィキペディア（Wikipedia）、ポンティアック Fiero
6）フリー百科事典、ウィキペでィア（Wikipedia）、BMW-Z1
7）舊橋章：K'89 レポート、プラスチックスエージ、1990 年 5 月号、p165～166
8）舊橋章：Interplas 90 より、プラスチックスエージ、1991 年 8 月号、p. 187
9）舊橋章：NPE91 レポート、プラスチックスエージ、1991 年 11 月号、p. 176～177
10）フリー百科事典、ウィキペディア（Wikipedia）、サターン
11）舊橋章：NPE'88 にみる欧米のエンプラ開発の動向、プラスチックスエージ、1988 年 11 月号、p. 226～227
12）舊橋章：K'89 レポート、プラスチックスエージ、1990 年 5 月号、p. 167～168
13）Newsletter For GE Plastics Limited,No.16,November 1990
14）舊橋章：NPE'91 レポート、プラスチックスエージ、1991 年 11 月号、p. 177～178
15）舊橋章：K'92 にみるプラスチック材料の最新動向、プラスチックスエージ、1993 年 3 月号、p. 169～170
16）舊橋章：K'92 にみるプラスチック材料の最新動向、プラスチックスエージ、1993 年 3 月号、p. 170～171
17）舊橋章：NPE'94 レポート、プラスチックスエージ、1994 年 11 月号、p. 133～134
18）フリー百科事典、ウィキペディア（Wikipedia）、クライスラー･ネオン
19）舊橋章：プラスチック開発海外情報 22、工業材料、1999 年 9 月号、P. 95～96
20）フリー百科事典、ウィキペディア（Wikipedia）、フォルクスワーゲン･ニュービートル
21）舊橋章：K'95 レポート、プラスチックスエージ、1996 年 2 月号、p. 141
22）舊橋章：K'98 レポート、プラスチックスエージ、1999 年 2 月号、p. 128
23）フリー百科事典、ウィキペディア（Wikipedia）、スマート
24）舊橋章：K2007 レポートⅡ、プラスチックスエージ、2008 年 3 月号、p. 86
25）舊橋章：K2010 レポートⅡ、プラスチックスエージ、2011 年 4 月号、p. 90～91
26）エンプラニュース、CFRP を主力に、2013 年 6 月号

第1章 ポリエチレン系プラスチックと自動車部品への応用

1-1 ポリエチレン系プラスチックの種類と特長

ポリエチレン系プラスチックは、ポリオレフィン系プラスチックに属し、その構造は炭素―炭素（―C―C―）結合からなる骨格を有する。主として結晶性のポリマーからなるが、やや軟らかいプラスチックが多い。化学的には比較的安定なものが多く、酸やアルカリに侵されず、加水分解もされない。多くの有機薬品、特に油やガソリンなどの燃料にも侵されない。耐候性はあまり良くない方で、直射日光（紫外線）にさらされると劣化しやすい。

ポリエチレン（PE）には高温高圧下でつくられる高圧法低密度ポリエチレン（LDPE）と、中圧または低圧下でつくられる中･低圧法高密度ポリエチレン（HDPE）、さらに、低圧法でエチレンとヘキセンやオクテンなどを共重合してつくられるコポリマーからなる直鎖状ポリエチレン（L-LDPE）とがある。

LDPEは密度が0.91～0.93程度で軟らかく半透明で、主として包装材料などのフィルムに利用される。HDPEは密度が0.94～0.97程度で、LDPEより硬く、灯油缶などの容器類やレジ袋などの強度の強いフィルムに利用される。L-LDPEはLDPEより強度が高いが、加工性や透明性などが劣り、従来のLDPEと混ぜてフィルムに加工されて使われている。さらに、エチレンと酢酸ビニールを共重合してつくられるエチレン･酢酸ビニール･コポリマー（EVA）などの幾つかのコポリマーがある[1)]。

ポリエチレン類で自動車部品として使われているのは、燃料タンクやブレーキオイルタンクなどの容器類、さらにエアーダクト類などである。

1-2 燃料タンクへの応用

1) 燃料タンクへの応用の歴史

HDPE製の燃料タンクは金属製のタンクに代わって、軽量化、デザインの自由度、耐腐食性、衝突時の安全性、そして何よりもコストダウンの効果などから、多くの車に採用されるようになった。

HDPEは融点が136℃、ガラス転移点が－120℃で、実用上－100℃～120℃の広い温度範囲で使用できる。ガソリンやアルコールなどの燃料に侵されず、強度も比較的強い。加えて容器の成形に使われる押出中空成形（ブロー成形）に適しており、家庭で広く使われている灯油缶のような大型の容器の製造に適している。特に燃料タンクのような大型容器には、平均分子量の高い、耐ESCグレードが用いられる。しかし、容器の壁を通してガソリンなどが気化するガス透過性が高く、燃料タンクから気化したガソリンなどが車内や大気中に放出されるので、HDPE単層のガソリンタンクはほとんど使用されなかった。

HDPE製の燃料タンクのガス透過性を押さえ、ガスバリア性を高めるために幾つかの技術が開発されてきた。初期の段階ではHDPE製の容器の内面をふっ素処理したものや、スルフォン化処理したものが開発された。しかしふっ素やスルフォン（SO_3）ガスそのものの毒性や環境に与える悪影響などから姿を消していった。

一方で、ポリアミド系プラスチック（PA）の高いガスバリア性を利用して、HDPEとPAとの複合材料を使った燃料タンクが開発された。その一つは、HDPEとPAの多層ブロー成形を利用してつくられたもので、タンクの内壁からHDPE/接着層/PA/接着層/黒色HDPEの3種類の樹脂からなる5層の燃料タンクである。このタンクの成形には3本の押出成形機を使った多層ブロー成形が使われた。この3種5層タンクは1987年に発売された日産自動車のBe-1に採用され、量産車の90年型プリメーラへと採用されていった。

この種の燃料タンクは主として日産自動車系の量産車に採用されてきたが、世界的な普及には至らなかった。その最大の理由は、成形の際に発生する30～40％と言われるバリや成形不良品の処理にあった。通常のブロー成形では、これらのバリや成形不良品は、粉砕して原料に混合して再利用される。しかし、この3種5層の粉砕品は、HDPEとPA、および接着層などとの相溶性が低く、均一に混じらないので強度が低下し、成形材料として使うには限界があり、廃棄物として処理せざるを得なかったことにある。

もう一つのPA系プラスチックの応用は、DuPont社が開発したSelar RBと呼ばれるHDPEとPAを化学的に結合させた樹脂の利用である[2)]。このSelar RBは、押出ブロー成形の際にHDPEと混合するだけで、HDPE壁の内部に層状のPA層を分布させることができ、ガスバリア性の高い容器を製造するという技術である。PA成分をHDPE層の中に幾重にも層状に分散させる成形技術は、DuPont社によって開発された特殊なスクリューを使った押出成形技術を使用して得られる。そのガス透過性は、Selar RB含量5％で5 g/24時間という当時の燃料タンクに対するECE 34規制値を安定的に達成することができた。バリや不良品はリサイクルが可能である[3)]。

この燃料タンクは、1990年に量産車として初めてUK社のLOTUS ERANに採用され（**写真1-1**）、その後Fiat社やVolvo社他、主としてヨーロッパで採用されてきた。日本でも1993年にトヨタ自動車(株)のスープラの燃料タンクとして採用されたのをはじめ[4)]、幾つかの車に採用された。

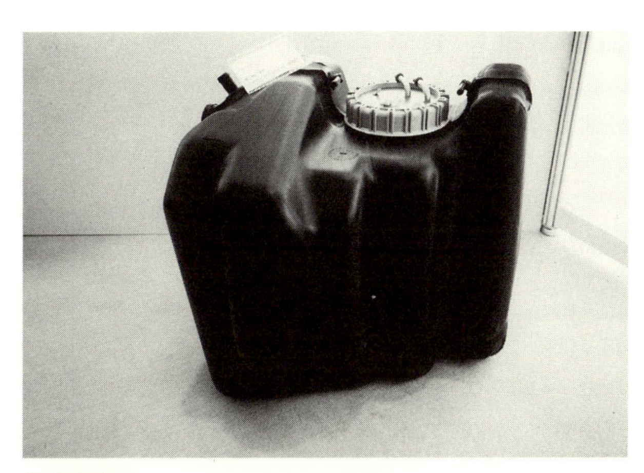

写真1-1　LOTUS ELANに採用され、初めて量産に入ったSelar BRブレンドHDPE製燃料タンク
（Interplas '90にて、DuPont社展示より）

2) 定着したEVOHをバリア層とした4種6層構造の燃料タンク

1995年から米国で適用されたSHED法によって、車全体から排出される炭化水素（VOC）の総量が2g以下/24時間に規制され、その後カリフォルニア州を筆頭に厳しい規制が布かれたことから、よりガスバリア性の高い燃料タンクが開発された。バリア層にエチレン・ビニールアルコール共重合体（EVOH）を使い、内面からHDPE/接着層/EVOH/接着層/リグラインド材/CB着色HDPEの4種6層からなる燃料タンクで、この種の燃料タンクは、最も厳しいカリフォルニア州のLEV Ⅱ（Low Emission Regulations Ⅱ）や、PZEV（Partial Zero Emission Vehicles）にも適応することができる。接着層には無水マレイン酸変性PEを使い、EVOHとともにリブや不良品の粉砕品は、HDPEをベースとする混合物として、燃料タンクの一成分として再利用することができる[5)]。

この種の燃料タンクの成形法には、多層ブロー成形法、ツインシート熱成形法、ツインシート・ブロー成形法の3種類がある。

多層ブロー成形法による4種6層からなる燃料タンク（**写真1-2**）は、Solvey Fuel Systemとも呼ばれ、5本の押出シリンダーで、HDPE、マレイン酸変性HDPE、EVOH、リグラインド材、CB着色HDPEをそれぞれ溶融混練し、先頭に取り付けられたダイスを通して、マレイン酸変性HDPEだけが

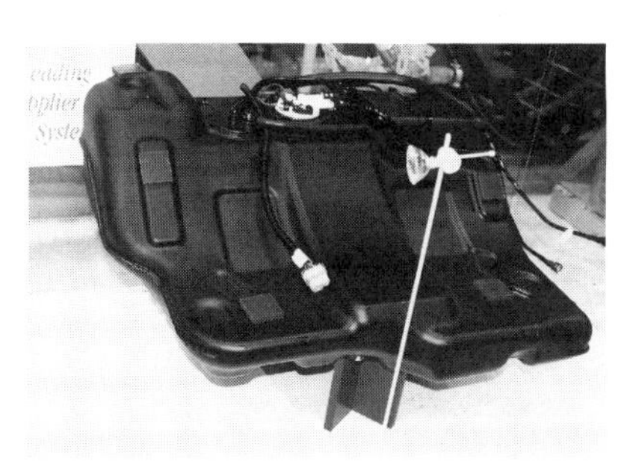

写真1-2　Solvey Fuel Systemの4種6層構造（CB着色HDPE/リグラインド/接着層/EVOH/接着層/HDPE）からなるGM社向けの燃料タンク（NPE 2000にて、Krupp KAUTEX社展示より）

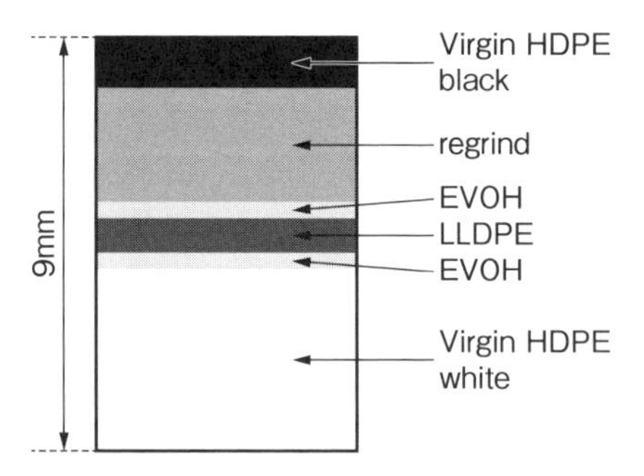

図1-1　（HDPE/EVOH/L-LDPE/EVOH/およびそれらのリグラインド材/黒色HDPE）からなる4種6層構造の一例

EVOH層を囲むように2層に分けられ、全体として6層の溶融状態の筒状のパリソンと呼ばれるものが押し出される。このパリソンを2つに分かれた金型で挟み、密封されたパリソンの内部に空気が吹き込まれて金型に押し付けられ、冷却されて所定の形状のタンクとなる[6)]。

初期の大型ブロー成形では、溶融された樹脂をダイスに送り込む前にアキュムレーターに溜め置き、一気に押し出すことによって、溶融パリソンが自重で垂れ下がる（ドローダウン）のを防ぐ方法が取られたが、設備コストや樹脂の劣化、成形効率の悪さなどから、各々の押出機をコンピューターコントロールして連続成形する方法に変わってきた（**写真1-3**）。

その後燃料タンクは、乗用車などの車内空間を少しでも広くしたいという要求などデザイン上の問題から、より複雑な形状が要求されるようになってきた。その要求に応える成形方法の一つとして、ツインシート熱成形法が開発された。

この方法では、まず、**図1-1**のようなブロー成形とは異なる4種6層の多層シートを押出多層成形で作成する。この多層シート2枚を上下のクランプに挟み、上下からヒーターで加熱して溶融し、溶融したシートと金型の間の空気を真空にして抜き、溶融シートを金型に密着させ、上下の金型を閉じて冷却固化して製品とする[7)]。熱成形は金型とシートの間の空気を真空にして成形する

写真1-3　KAUTEX MASHINEBAU社の燃料タンク成形用の4種6層ブロー成形機
（K2007にて、KAUTEX MASHINEBAU社提供）

写真 1-4　Cannon 社のツインシート熱成形法で成形された燃料タンクの片方の内側に必要な部品が取り付けられた状態
（K2007 にて、Cannon 社提供）

写真 1-5　HDPE/EVOH/L-LDPE/EVOH/リグラインド材/CB 着色 HDPE の4種6層シートのツインシート熱成形法でつくられた Visteon 社の VW 社向けの燃料タンク
（K2004 にて、Cannon 社展示より）

ことから、真空成形とも呼ばれている。

この燃料タンクの成形技術は、Cannon 社によって開発され、Visteon 社が量産に成功した。この方法では、多層ブロー成形に比べてタンクの肉厚の均一性が高く、バリの発生が少ないので、ブロー成形ではつくり難い形状のタンクを容易に製造することができる[8)]。さらに、溶融シートが上下の金型に張り付いている間に、タンク内壁になる部分に必要な部品を取り付けることができる。**写真 1-4** は、ツインシート熱成形で片方の金型に吸引されて密着したタンクの半分の内側に、必要な部品が取り付けられた状態を示すものである。

写真 1-5 は、Cannon 社の技術で Visteon 社が VW 社向けに量産した燃料タンクで、この他にも VW 社向けに多種類の燃料タンクを納入している。

このツインシート熱成形法を更に改良したのが Inergy Automotive Systems 社が開発したツインシート・ブロー成形法（Twin Sheet Blow Molding）と呼ばれる成形技術である。BMW of North America 社は、NPE 2009 で同時開催された International Plastics Design Competition（IPDC）に、この技術でつくられた BMW 7 の 2009 シリーズ向けの燃料タンク（**写真 1-6**）を出展して、Innovations in Plastics Award（総合優勝）を受賞している[9)]。

この成形方法は、基本的にはツインシート成形法であるが、ツインシート熱成形法では押出成形で押し出された溶融シートを冷却固化した6層のシートを

写真 1-6　4種6層のツインシート・ブロー成形法でつくられたBMW 7の2009シリーズに使われた燃料タンク（NPE 2009のIPDCにて、APP提供）

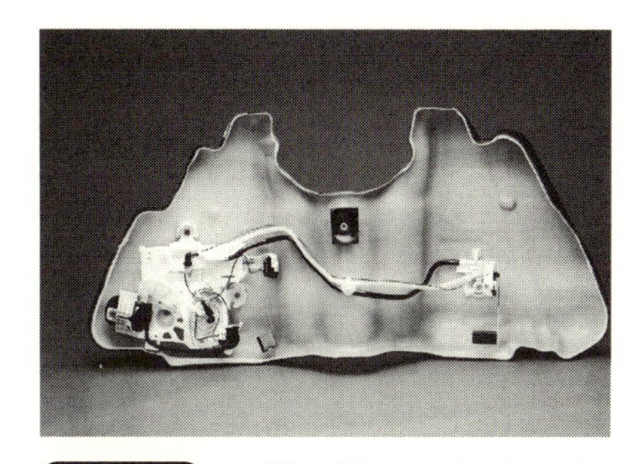

写真 1-7　4種6層のツインシート・ブロー成形の途中でタンク内面にバルブ、リザーバー、クリップ、バッフル、ケージなどのフューエルシステム部品が取り付けられた燃料タンク内部（NPE 2009のIPDCにて、APP提供）

再度加熱して溶融シートとして使用しているのに対して、ツインシート・ブロー成形法では多層ブロー成形機で押し出された6層パリソンを、ダイスの出口で2枚の溶融シートにカットして使用する。この段階で溶融シートの冷却固化および再加熱に要する熱エネルギーと冷却、再加熱設備が省略され、ツインシート熱成形法よりはコストダウンとなり、成形サイクルも大幅に短縮される。

2枚にカットされた溶融シートの各々は、金型の一方とセントラルコアの間に押し出される。セントラルコアは可動性で、フューエルシステムが装填されている。最初に金型が閉じられる段階で、金型はセントラルコアに向かって閉じられ、2枚の溶融シートは各々の金型に向かって膨らまされる。次にセントラルコアが動いてフューエルシステム部品が金型に張り付いた溶融シートの内面に取り付けられ（**写真 1-7**）、セントラルコアが引っ込む。その後2つの金型に張り付いたタンクの各半分を密着させるため、2つの金型が完全に閉じられ、冷却固化後金型が開いてタンクが取り出され、バリ取りなどの仕上げを経て燃料タンク製品となる。成形のためのサイクルタイムは、通常のブロー成形の場合と同等である。

従来の多層ブロー成形燃料タンクでは、バルブや出入口の取り付けのために穴が開けられ、タンクの外壁に融着される。このように融着された部分は、ガソリンなどの燃料のタンク外への発散の原因となる。これに対し、ツインシート・ブロー成形法では、これらの外部に取り付けられる部品の多くが省かれ、それに伴う燃料の発散も少なくなる。バルブやリザーバー、クリップ、バッフル、ゲージなどがタンクの内壁に集約されて融着されることによって、タンクの設計の自由度が増す。BMW 7シリーズの燃料タンクでは、従来の12個の外部融着部品を僅か2個に減らし、タンク容量は77 *l* から82 *l* へと増加し、燃料蒸発も180 mg/day から36 mg/day へと激減させるのに成功している[9]。

このように、HDPE をベースとする燃料タンクは、環境規制の強化に伴って、バリア層に使われる材料や成形方法も進歩してきたが、燃料タンクの主要材料としての HDPE の地位は変わっていない。これからも、新しいバリア材や成形方法の開発はあると思われるが、プラスチック製燃料タンクの主原料として HDPE に替わるものは現われないと思われる。ただし、自動車の動力源となるエネルギーが石油系から電気や燃料電池に代わるにつれて、HDPE 製の燃料タンクそのものの需要は減少していく可能性は否定できないと思われる。

1-3　パイプ類への応用

HDPE の押出成形性の良い特長を生かして、多くのパイプ類にも古くから使われてきた。特に設計の多様化に伴ってパイプの形状も複雑になり、3次元に曲がった構造の製品に対する要求が多くなった。その要求に応えて開発されたのが3次元ブロー成形法である。この成形方法では、押出機のダイスから押し出されたパイプ状のパリソンを、3次元に曲がって彫られた金型のくぼみに受けて、その金型を3次元に動かし、最後にもう一方の金型で蓋をして、パイプに空気を吹き込み、冷却して製品とする。この方法では、ブロー成形の欠点であるバリの発生がほとんどなく、効率よく3次元に曲がったパイプ状の製品を成形することができる。**写真 1-8** はこのようにしてつくられた各種の自動車部品である。

しかし、燃料系のパイプでは、VOC などの環境規制の強化から、HDPE 単独のパイプでは規制値を満たすことができなくなり、PA 系やふっ素系樹脂に変わっていった。

写真 1-8　HDPE の３次元ブロー成形でつくられた各種の自動車用パイプ部品
（Interplas '99 にて、S. T. Soffiaggio 社提供）

写真 1-9　HDPE の二重壁ブロー成形でつくられた Chad Kieffer 社のシートバックパネル
（SPI Structural Plastics '99 にて、Chad Kieffer 社展示より）

1-4　構造体への応用

HDPE は剛性が低いため、構造体への応用は限られたものとなっているが、材料コストの安さと成形性の良さは、全体のコストダウンにつながるとして、見直す動きもある。

この不足する剛性を補強する成形方法として、二重壁ブロー成形法がある。この成形方法では、容器を潰して両サイドの壁を二重構造の１つの壁とする成形方法で、さらにその２枚の壁の一部を融着させて補強リブとして利用する[10)]。

写真 1-9 は、HDPE の二重壁ブロー成形でつくられた Chad Kieffer 社のシートバックパネルで、中央部の４本の H ビーム･ウエルディングによる補強リブの他に、周囲をサイド･バイ･サイド･ウエルディングによって補強して HDPE の剛性不足を補っている。

1-5　車体本体への応用

小型の電気自動車では、より軽量化への要求や少量生産ロットへの対応から、回転成形でつくられた車体が使われた。回転成形では、大きな加熱炉の中で直行する2本の回転軸の回りに金型を回転させながら、金型内に入れられた粉末状のプラスチック原料を遠心力で金型に張り付け、均一な溶融層を形成させた後に金型を冷却し、溶融樹脂を固化して製品とする。製品は基本的には中空体となるが、必要に応じて、この中空体を切り割って製品とする[11]。

回転成形には、1990年代後半から実用化されたメタロセン触媒を使ったHDPEやL-LDPEが適している。メタロセンPEは分子量分布が狭く、溶融粘度が低いため、回転成形の遠心力で均一に金型に張り付けることができ、その割に製品強度が高いという特長がある。

写真1-10は、ノルウェーのPivco AS社が開発した電気自動車ThinkでK'98に展示されたものである。そのボディパネル（**写真1-11**）は、Borealis社のメタロセン触媒によるHDPE、Borocene ME 8169の回転成形でつくられている。この回転成形でつくられたワンピースボディパネルは、傷付きやすいという欠点はあるが、極めて軽量で、パネルの交換が容易で簡単に交換できるのが特長である。1回の充電で100 kmの走行が可能で、各種の安全規制にも合格している。Pivco AS社は1998年にFord社の子会社になり、1999年10月から年産500台を生産していた[12]。

また、**写真1-12**はスイスのCree AG社の電気自動車SAMで、そのボディパネル（**写真1-13**）はメタロセン触媒でつくられたL-LDPEの回転成形でつくられている。メタロセン触媒によってつくられたL-LDPEは、従来の高圧

写真1-10　Borealis社のメタロセンHDPEの回転成形でつくられたボディを採用したPivco AS社の電気自動車Think
（K '98にて、Bolealis社展示より）

写真1-11　Borealis社のメタロセン触媒でつくられたHDPE Borocene ME 8169の回転成形による電気自動車Thinkのボディ
（K '98にて、Borealis社展示より）

法LDPEよりも分子量分布が狭く、剛性や強度の高いPEが得られる。設計開発を担当したBonar Plastics社によると、日産15台のペースで生産していたという[13]。

写真1-14は、HDPEの回転成形でつくられたEnviro Taxi Co.社の45 ccミニエンジンで動くミニタクシーのボディで、ロサンゼルス市内で実際に使われており、K2007でインドの回転成形機メーカーのFIXOPAN社が公開したものである[14]。

1-6 ポリエチレン発泡体への応用

ポリエチレン系プラスチックの発泡体も、部品の軽量化を目的に使用されている。積水化成品工業(株)が開発したポリスチレン・ポリエチレン・ハイブリッ

写真1-12　メタロセンL-LDPEの回転成形でつくられたボディを採用したスイスのCree AG社の電気自動車SAM
(K2001にて、Bonar Plastics社展示より)

写真1-13　メタロセンL-LDPEの回転成形でつくられた電気自動車SAMのボディ
(K2001にて、Bonar Plastics社展示より)

写真1-14　HDPEの回転成形でつくられたEnviro Taxi社の45 ccミニエンジンで動くミニタクシーのボディ
(K2007にて、FIXOPAN社展示より)

写真 1-15　ポリスチレン・ポリエチレン・ハイブリッドポリマーPIOCELANの発泡成形でつくられたトランクスペーサー/ツールボックス
（NPE 2012にて、積水化成品工業展示より）

ドポリマーPIOCELANは、1粒のビーズの内部がポリスチレンで、その表面にポリエチレンが重合された形のハイブリッドポリマーのため、両方の樹脂の特性を併せ持つだけでなく、両者の相乗作用によってそれぞれの特性以上の特性を発揮するという。しかも、従来の発泡ポリスチレンと同様に、容易に成形加工することができ、耐衝撃性の優れた複雑な形状の製品を製造することができる。

写真 1-15は、PIOCELANの発泡成形でつくられたトランクスペーサー/ツールボックスで、他の樹脂でつくられた同様の製品に比べて、より軽く、耐熱性や耐炎性の向上した製品となっており、重量で20％の軽量化と20～25％のコストダウンに成功している[15)]。

参考文献

1）舊橋章：製品開発に役立つプラスチック材料入門、日刊工業新聞社、2005年9月30日発行、p. 26～42
2）岩野昌夫：(社)自動車技術会学術講演会前刷集892、1989年10月、p. 373～376
3）舊橋章：高付加価値プラスチック成形法、日刊工業新聞社、2008年3月25日発

行、p. 258～259
4) DuPont Japan 社　Press Releace：DuPont の Selar RB 樹脂、平成 5 年（1993 年）6 月 15 日
5) Brian Fanslow: Inovative Blow Molded Automotive Applications、Presented at 1994 Intarnational Plastics Conference（Chicago, USA）、June 9, 1994
6) 舊橋章：高付加価値プラスチック成形法、日刊工業新聞社、2008 年 3 月 25 日発行、p. 259～260
7) 舊橋章：高付加価値プラスチック成形法、日刊工業新聞社、2008 年 3 月 25 日発行、p. 216～220
8) 舊橋章：K'2004 レポートⅡ、プラスチックスエージ、2005 年 3 月号、p. 126～127
9) 舊橋章：NPE'2009 レポートⅢ、プラスチックスエージ、2009 年 12 月号、p. 79～80
10) 舊橋章：高付加価値プラスチック成形法、日刊工業新聞社 2008 年 3 月 25 日発行、p. 250～256
11) 舊橋章：高付加価値プラスチック成形法、日刊工業新聞社 2008 年 3 月 25 日発行、p. 189～200
12) 舊橋章：高付加価値プラスチック成形法、日刊工業新聞社、2008 年 3 月 25 日発行、p. 198～199
13) 舊橋章：K'2001 レポートⅡ、プラスチックスエージ、2002 年 3 月号、p. 117～118
14) 舊橋章：K'2007 レポートⅡ、プラスチックスエージ、2008 年 3 月号、p. 93～94
15) 舊橋章：NPE2012 レポート(2)、プラスチックスエージ、2012 年 9 月号、p. 91～92

第2章
ポリプロピレン系プラスチックと自動車部品への応用

2-1 ポリロピレン系プラスチックの種類と特長

ポリプロピレン（PP）と呼ばれるプラスチックには、化学構造の違いから基本的に5種類のPPが存在する。大別して、プロピレンだけでつくられたホモポリマーと、プロピレンにエチレンを共重合させたコポリマーとに分けられる。

ホモポリマーには、アイソタクチックPP、シンジオタクチックPP、アタクチックPPの3種類がある。アタクチックPPはワックス状のポリマーで、アイソタクチックPPをつくる際に数%複成され、そのまま分離されずにポリマー内に残され、加工助剤としての役割を担っている[1)]。アイソタクチックPPは融点が約165℃の結晶性のプラスチックで、密度が0.936とプラスチックの中でも低い部類に属する。ガラス転移点は－10℃で実用上0℃～120℃の範囲で使用でき、バケツなどに用いられている。シンジオタクチックPPは、近年開発されたメタロセン触媒によって1993年ごろから商業生産が可能になった。結晶化度は30～40%と低く、融点も130～150℃で、密度は0.886を示す。耐衝撃性や透明性がよく、フィルムなどに使われている[2)]。

エチレン･プロピレン･コポリマーには理論的にはランダムコポリマーとブロックコポリマーとがある。ランダムコポリマーはエチレンとプロピレンが不規則に化学結合している。エチレン成分の量が少ない範囲ではプラスチックの性質を示すが、エチレンの含量が増えるとゴム状になり、いわゆるEPRの主成分となる。プラスチックの状態では融点はアイソタクチックPPよりも20～30℃低下し、ゴム状態では融点はなくなり、－50～－60℃のガラス転移点のみになる。プラスチックとしては、フィルムやシートに使われ、EPRは合成ゴムや耐衝撃性向上材としてプラスチックにブレンドして用いられる。

理論的なブロックコポリマーは実用化されていないが、従来から市販されているブロックポリマーと呼ばれているものは、アイソタクチック PP を製造したあと反応容器で EP ランダムコポリマーを製造して得られた混合物で、インパクトコポリマーまたはヘテロフェイズ･コポリマーと呼ばれるものである。さらに EP ランダムコポリマーの量を 40～50％に増やしたものは、リアクターTPO（Thermoplastic Olefin）あるいは、単に TPO と呼ばれている[3)]。

一方、TPO に似た PP 系プラスチックとしてスーパーオレフィンポリマー（SOP）と呼ばれる PP があるが、これはトヨタ自動車(株)が中心となって開発した PP 配合物で、高結晶性のインパクト PP へ EPR をブレンドした樹脂にタルクなどを配合したものである。TPO が PP の海の中に EPR が島状に分散しているのに対して、SOP では EPR の海に PP の島が分散している構造になっている[4)]。

2-2　ポリプロピレン系プラスチックの自動車部品としての適性

自動車の構成材料に占めるプラスチックの割合は、2010 年には 10％に達していると見られ、特にヨーロッパ車では十数％にも達していると推定されている[5)]。その内 PP は半分以上の 6％を超え、さらに利用が拡大していると見られている[6)]。使用されている部品は、バンパーなどの外装部品、インスツルメントパネルやトリムなどの内装部品、各種モジュールなどの構造部材などで、使用されている PP はインパクトコポリマー（ICP）およびそれに EPR をブレンドした TPO が多い。

PP の自動車部品としての利用が増えているのは、その特性と加工技術の進歩による。PP が自動車部品として優れているのは、広い温度範囲にわたる機械的強度と表面特性を含めた加工性、そして軽量性とリサイクル性に加えて、材料価格が比較的低いことなど、多岐にわたっている。

ICP や TPO の欠点は、耐候性や低温における耐衝撃性が低いことである。耐候性については、PP の化学結合に由来するもので、表面塗装によって解決している。塗装を省略する場合は、基本的にはカーボンブラックの配合により紫外線による劣化を防いでいる。

耐低温衝撃性については、重合技術の発展による高ゴム含有リアクターTPOなどの開発や、ゴム成分のブレンド技術の発達により、実用上－30℃での衝突に耐えるPP複合材も開発されている。

その他、剛性や柔軟性、塗装性、寸法安定性などについても年々改良がなされ、さらにガラス繊維や無機質充填材などのPP系コンパウンドの配合技術の発展もあって、自動車部品用の材料としてはますます重要な材料となっている。

また、ガラス長繊維とのコンポジットは、グラスマット・サーモプラスチック（GMT）と呼ばれ、FRPや金属材料にも代わり得る材料として注目されて来た。その後、製造技術も改良され、最近ではPPのペレットをつくる押出成形の際に、ダイスで直接ガラス繊維に溶融PPをまぶし、ダイスを出た直後に射出成形やプレス成形に必要な長さに切断して、溶融状態のまま成形機に送り込むダイレクト・長繊維強化サーモプラスチック（D-LFT）などが開発され、金属材料に代わって、自動車の構造体として利用されている[7)]。

2-3　バンパーシステムへの応用

バンパーは、当初の衝突に際して車体を保護し運転者や乗客を保護するだけの目的だけでなく、最近では歩行者との衝突の際には歩行者へのダメージを最小限にするような設計が求められるようになってきた。加えて、バンパーは自動車の顔の部分に当たるため、単にバンパーシステムのカバーとしてだけでなく、バンパー・フェイシャーと呼ばれるように、自動車のデザイン上重要な部品となっている。

したがって、バンパーシステムに使われる材料も、初期の鉄板から、デザイン性の優れたポリウレタン（PUR）やPBT/PCブレンド樹脂、PP系コンパウンドなどが使用されるようになった。現在では、PURはトラックなどの大型の小中ロット生産に使われ、乗用車などの大量生産にはPP系コンパウンドなどの熱可塑性プラスチックが主として使われている。

バンパーシステムには、各種のシステムが開発されているが、基本的には**図2-1**に示すような2種のタイプに分けられる。5マイル用の高耐衝撃性タイプは、

	5マイル用		軽衝撃用（2.5マイル用）		
概略構造	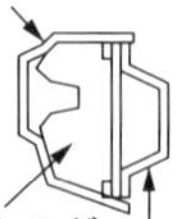 フェイシャー エネルギー吸収材 バックアップビーム	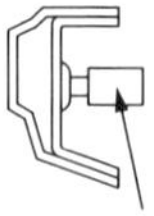 アブソーバー	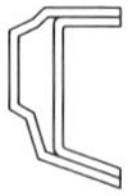		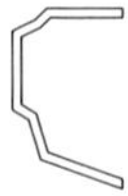
エネルギー吸収材	発泡PUR、発泡PP	アブソーバー	—	—	—
バックアップビームの有無	有	有	有	有（一部）	無
フェイシャー用材料	変性PP、TPO、TPU	TPO、TPU	変性PP、変性PC、TPO、TPU、SMC、FRP		

図2-1　バンパー構造の模式図[4]
（NIKKEI MATERIALS & TECHNOLOGY BOOKS, p. 110 より）

米国の FMVSS（連邦自動車安全基準）No. 215 で規制された 5 マイル/hr（8 km/hr）での衝突に耐える構造になっており、米国、カナダなどの北米地域向けの車に採用されている。2.5 マイル用の軽衝撃用タイプは、欧州統一規格 ECE 4 の 2.5 マイル/hr（4 km/hr）での衝突に耐える構造になっており、欧州や日本などの車に採用されている[4]。PP 系プラスチックは、これらのバンパー･フェイシャー、エネルギー吸収材、およびバンパービームの全てに採用されている。

1）バンパー･フェイシャー

バンパー･フェイシャーには 1980 年代になってインパクト PP や TPO が使われるようになり、当初は低温耐衝撃性や塗装性などに問題があったが、年々改良されて、現在ではバンパー･フェイシャーの主力材料になっている。**写真 2-1** は 1994 年の NPE'94 で当時の Himont 社が PP 系プラスチックの自動車部品への応用例を展示したもので、その多くがバンパー･フェイシャーへの応用例である。

PP 系プラスチックのバンパー･フェイシャーへの応用をより一層容易にしたのが、ガス･アシスト射出成形法の発達である。PP に限らず、熱可塑性のプラスチックの成形に際して、補強のためにリブを付けると、その根本の反対側の表面にヒケと呼ばれる凹みが発生する。バンパー・フェイシャーは、自動車の顔に当たるものであり、ヒケの発生は許されないので、バンパー・フェイシャーに補強リブを付けることはできなかった。

マツダ(株)は93年型ランティスに初めてEPR変性PP系コンパウンドのガス・アシスト射出成形によるフロントバンパー・フェイシャーとリアバンパー・フェイシャーを採用した（**写真2-2**）。ガス・アシスト射出成形を採用したことによって、表面にヒケを発生させずに裏面に補強用のリブを垂直に立てることができた。リブの根本には**図2-2**に示すような三角形の空洞が成形時に圧入された窒素ガスによって形成され、それによって表面にヒケのないバンパー・

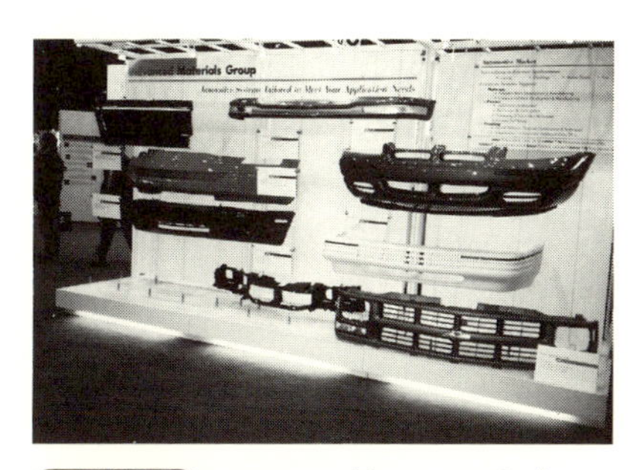

写真2-1　Himont社のPP系プラスチックでつくられたバンパー・フェイシャーなどの自動車部品（NPE'94にて、Himont社展示より）

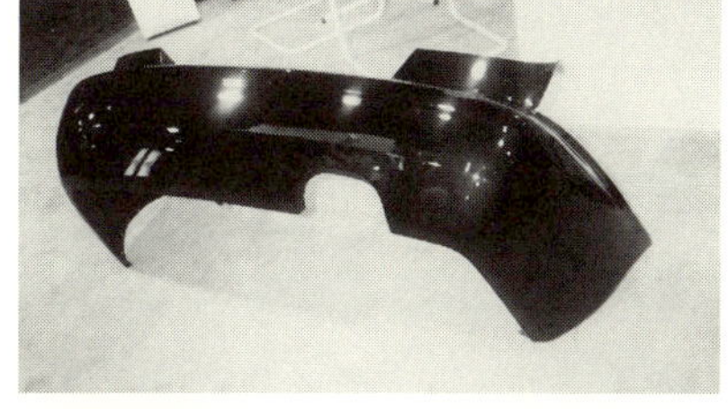

写真2-2　マツダ(株)の'93年型ランティスに採用されたEPR変性PPコンパウンドのガス・アシスト射出成形によるフロント・バンパー・フェイシャー（上）とリア・バンパー・フェイシャー（NPE'94にて、Cinpress社展示より）

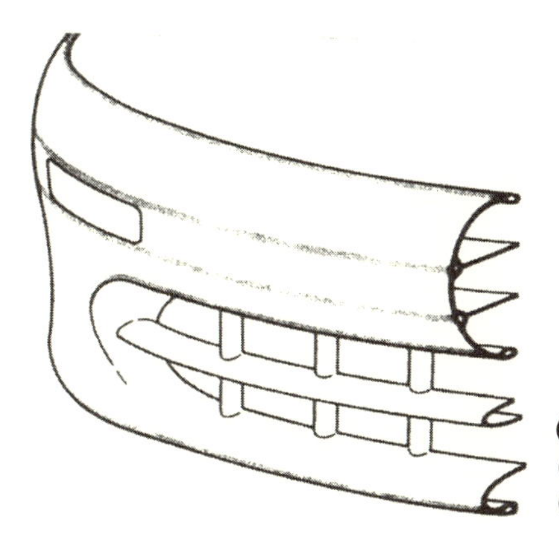

図2-2　バンパー・フェイシャーの表面のヒケを防ぐためにリブの根本には三角形の空洞が生成されている

フェイシャーを成形することが可能となった。さらに、全体として薄肉化が可能になり、フロントバンパーで 37 %、リアバンパーで 24 %の軽量化に成功し、それぞれ 40 %と 24 %のコストダウンを達成している。使用した成形機械も、3,800 トンから 2,600 トンへとダウンサイジングしている[8]。

このガス・アシスト射出成形の発達によって、PP 系プラスチック製のバンパー・フェイシャーはデザインが容易になり、コストダウンとも相まって、VW 社や Ford 社など多くの車に採用されていった（**写真 2–3**）。

PP はその化学構造上から耐候性が劣るので、PP 系プラスチックでつくられたバンパー・フェイシャーは、主として塗装してその欠点をカバーしている。PP そのものは塗装性は良くないが、プライマーなど各種の改良により、他の車体外装部分と同質の塗装が可能になった。自動車の顔としてのバンパー・フェイシャーは、デザイン性の向上に役立っており、多くの自動車のバンパー・フェイシャーに塗装された TPO 製のバンパー・フェイシャーが採用されるようになった。**写真 2–4** は、Borealis 社の TPO Daplen EE109AE の射出成形品に塗装したバンパー・フェイシャーをはじめ、多くの PP 製部品を組み込んだ BMW116i である[9]。

一方で、塗装された PP 系プラスチック製のバンパー・フェイシャーはリサイクルに際しては障害となる。回収された PP 系プラスチック製塗装バンパー・

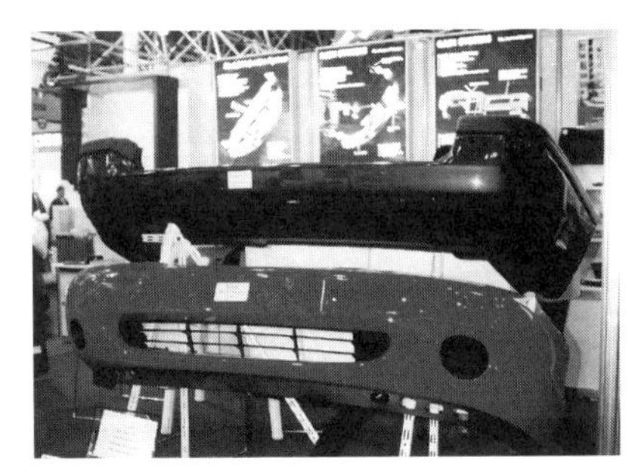

写真 2–3　EPR 変性 PP コンパウンドのガス・アシスト射出成形によるバンパー・フェイシャー（上）VW 社の車（下）Ford Mandeo
（K'98 にて、GAIN Technologies 社展示より）

写真 2–4　Borealis 社の TPO Daplen EE109AE の射出成形品に塗装したバンパー・フェイシャー他、多くの PP 製部品を組み込んだ BMW 116i
（K 2004 にて、Borealis 社展示より）

フェイシャーは、粉砕処理してリサイクル樹脂として再利用されるが、この際に可能な限り塗膜が樹脂から剥がれて、除去されることが必要となる。初期の塗装-粉砕技術では、バンパー・フェイシャーに再利用できるようなリサイクル材料が得られないこともあり、デッキボードやエンジンアンダーカバーなどに再利用されていた[10]。その後、2006年にマツダ(株)が「バンパー to バンパー」リサイクル技術を開発し、塗装されたPP系プラスチック製のバンパー・フェイシャーの完全リサイクルが可能になった[11]。

一方米国では、Ford社がFord CD-162 Contour（1998年型）のバンパー・フェイシャーにTPO製塗装バンパーの回収品を粉砕したしたものをそのままコア材とし、バージンのTPOをスキン材としたCo-Injection成形品を採用した。このバンパー・フェイシャーはVisteon Automotive Systems社が開発したもので、従来のCo-Injection成形を大型成形品に適するように改良したMulti-drop Sequential Co-Injection Moldingという成形方法が用いられた（**写真2-5**）。この成形方法では、塗装TPOリサイクル品を21～23％までコア材として再利用できる[12]。

2）エネルギー吸収材

高衝撃タイプのエネルギー吸収材としては、発泡PPが使用されている。特にバンパー・フェイシャーやバンパー・ビームにPP系プラスチックが使われている場合は、バンパーシステム全体として一つのPP系プラスチックに統一さ

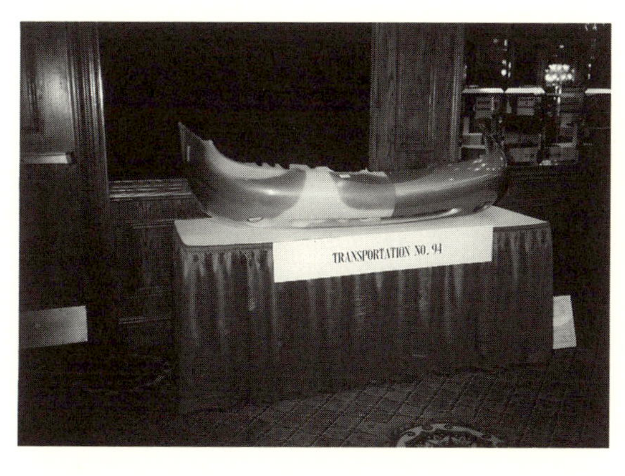

写真2-5 TPE製塗装バンパー回収品の粉砕品をコア材としバージンTPOをスキン層にしたMulti-drop Sequential Co-Injection成形でつくられたFord CD-162 Contourのフロント・バンパー・フェイシャー
（SPI Structural Plastics '98にて、Visteon Automotive System社展示より）

れることからリサイクルしやすい設計としても望ましいこととされている。

発泡PPは単に自動車の衝突時の衝撃を吸収するだけでなく、歩行者の衝突時の保護にも重要な役割を持っている。歩行者の安全対策は自動車の安全性の中でも世界的に重要視され、日本でも1991年からAdvanced Safety Vehicle（ASV）推進計画が産･官･学の協力により推進されてきた[13]。

3) バンパービーム

バンパービームは、衝突の際に車体を保護し乗員の安全を確保する上で、最も重要な役割をする部品である。古くは頑丈な鋼材が使われていたが、鉄の比重は7.85と重い上に、衝突に際して「凹み」や「傷」が付きやすく、錆やすいという欠点があった。

この問題を解決する材料として注目されたのが、樹脂コンポジットで、特に熱可塑性プラスチックのPPとガラス長繊維からつくられたPPコンポジットは、低コストで成形もしやすく、機械的強度も高く、曲げ強さでは鋼材並みの強度を有するなど、バンパービームとしては最適の材料の一つと評価された。

最初にバンパービームに採用されたのは、Glass Mat Thermoplastics（GMT―日本ではスタンパブルシート）と呼ばれる熱可塑性樹脂コンポジットの一つで、AZDELと呼ばれるPP–連続ガラス長繊維コンポジットである。AZDELは、1986年にガラスメーカーのPPG Inc.とGEとが設立した合弁会社Azdel Inc.から発売されたもので、連続したガラス長繊維に粉末状のPPをまぶしたシート状のコンポジットで、熱硬化性SMCのプリプレグに相当する。ガラス繊維は等方性を持たせるために連続するガラス長繊維をループ状にしたマットを使用する場合と、強度を重視するために一定方向に配列した連続ガラス繊維を使用する場合とがある。バンパービームに用いられたのは、後者の方である[14]。

GE Plastics社は、AZDELのバンパービームへの応用を積極的に進めてきた。

同社は、K’86でFord MustangのバンパービームにAZDELが採用されたとして展示して以来、K’89に公開したコンセプトカーVECTOR Ⅱにはフロントバンパーとリアバンパーに AZDEL製のバンパービームを採用した。そして英国のMotor Industry Research Association（MIRA）でのクラッシュテストを行い、48 km/hrの正面衝突試験や36 km/hrの追突試験でも、AZDEL製

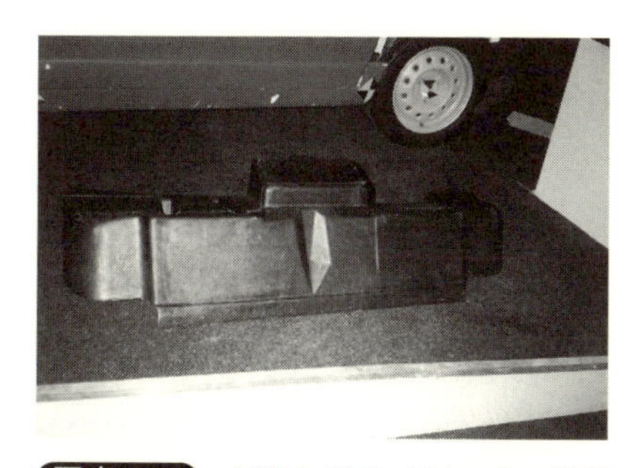

写真 2-6 MIRA での 48 km/hr の正面衝突試験を受けても全く異状のない VECTOR Ⅱ の AZDEL 製フロントバンパービーム
(Interplas '90 にて、GE Plastics 社展示より)

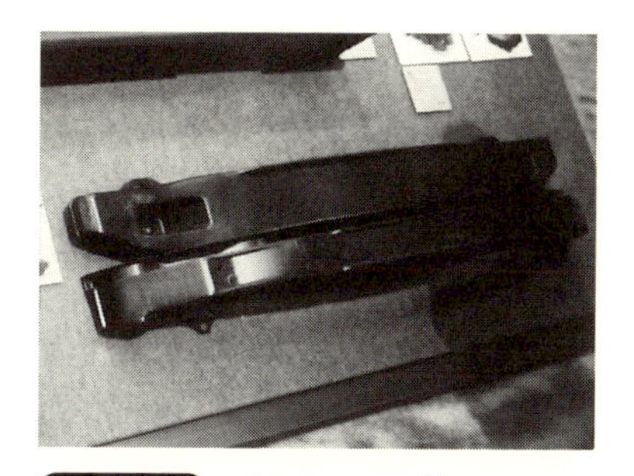

写真 2-7 GE Plastics 社の AZDEL でつくられた本田技研工業(株)のアコードのフロントバンパービームとリアバンパービーム
(NPE '91 にて、GE Plastics 社展示より)

のバンパービームは全く変形せず（**写真 2-6**)、乗員を保護することを証明した[15]。

AZDEL 製のバンパービームは、その後、VW、Audi、Mercedes Benz、BMW など多くの車に採用され、日本でも本田技研工業(株)(**写真 2-7**) 他各社の車に採用されている。

ガラス長繊維熱可塑性コンポジットは、AZDEL 以外にも多くの製造技術が開発されている。中でも PP などの熱可塑性プラスチックをペレタイズする段階で、連続したガラス繊維を溶融樹脂が通過するダイの中に通すことによってガラス繊維に溶融樹脂をまぶし、冷却せずに直接成形機に供給して成形品をつくる Direct in-line compounding Long Fiber Thermoplastic Composite（D-LFT）と呼ばれる製造技術は、設備が簡単で、コストが安いとして注目された[7),16)~18)]。

ドイツの Krauss-Maffei 社も射出成形機と二軸押出機とを組み合わせて、PP などの熱可塑性プラスチックとガラス繊維ロービングから直接熱可塑性コンポジットをつくる技術として、Injection Molding Compounder System（IMC）を開発し、NPE2000 で公開した[19]。**写真 2-8** はガラス長繊維 30 % 入り PP の IMC System でつくられた VW Touareg のバンパービームと一体のフロントエンド・キャリアーのプロトタイプで、製品重量は 3.69 kg、成形サイクルは僅か 60 秒で、従来品に比べて約 15 % のコストダウンになっている。

写真 2-9 は IVECO 社の Stralis トラックのフロントエンド・モジュールで、

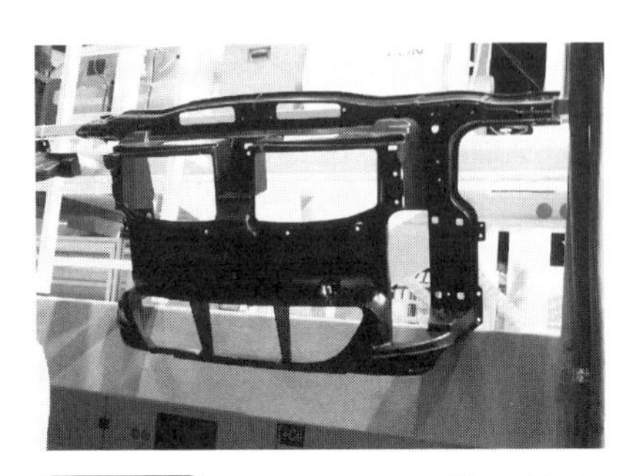

写真2-8　Krauss-Maffei 社の Injection Molding Compounder でつくられた VW Touareg のフロントエンドキャリアーのプロトタイプ
(NPE2000 にて、Krauss-Maffei 社展示より)

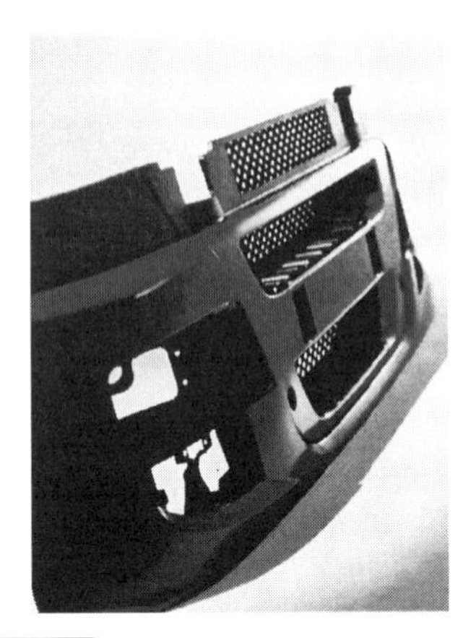

写真2-9　Borealis 社のガラス長繊維強化 PP コンポジット Nepol GB 303 HP の一体成形でつくられたフロントパネルと、バンパー構造体に同社の Daplen TPO でつくられたバンパー・フェイシャーで組み立てられた IVECO 社の Stralis トラックのフロントエンド・モジュール
(K 2007 にて、Borealis 社提供)

そのフロントパネルとバンパー構造体は、Borealis 社のガラス長繊維 PP コンポジット Nepol GB303 HP の射出成形で、1つの金型で一体成形され、従来より 30 %の重量減を達成している。バンパー・フェイシャーは Borealis 社の Daplen TPO でつくられ、フロントエンド・モジュール全体が、ヨーロッパ規格による 100 %リサイクル可能で、CO_2 の削減にも役立っている[20)]。

なお、PP 系ガラス長繊維熱可塑性樹脂コンポジットについては、第3章で詳しく述べるが、PP 系以外にも PBT や PA の他多くの熱可塑性樹脂コンポジットが自動車部品に応用されており、金属材料に代わって自動車の軽量化やコストダウンにはなくてはならない材料になっている。

2-4 ボディ外板への応用

フロントおよびリアバンパー・フェイシャーだけでなく、ボディ外板のほとんどに PP 系プラスチックを採用したのが smart 社の 2007 型 smart for two

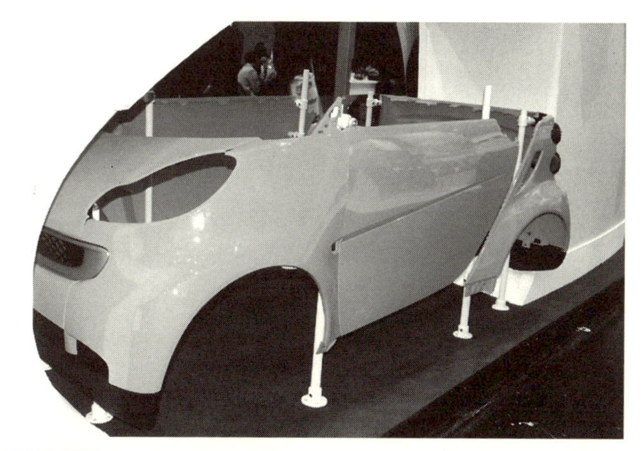

写真 2-10　Borealis 社の TPO コンパウンド Daplen ED230HP の射出成形でつくられた量産車として初めての smart for two のオールプラスチック製ボディパネル
（K 2007 にて、Borealis 社展示より）

である。ポリオレフィンの世界的な大手メーカーBorealis 社は、量産車として世界で初めて同社の TPO コンパウンド Daplen ED230HP の射出成形外板を smart for two に採用させることに成功した（**写真 2-10**）。

このTPO コンパウンド製ボディパネルは、従来使われていたPC/PBT ブレンド樹脂製のボディパネルを置き換えたもので、その目的は軽量化と生産性の向上によるコストダウンにある。特に生産性の向上については、原料着色樹脂を使うことによって、塗装工程をクリアコートだけで済まし、しかもスムーズな表面仕上げを達成することができた。これらの結果として、車の重量は 15 %も軽量化され、燃費の向上、CO_2 の削減に役立っている。さらにこのボディパネルは 100 %リサイクル可能で、安全性や環境に対する要求を満たす材料として、小型車や電気自動車などへの応用が期待される[21]。

PP 系プラスチックは、PE と違って回転成形には向いていない。その原因は PP の構造上の問題から高温における耐酸化劣化性が低くいことにある[22]。したがって、実用上は大量生産向けの射出成形の他、少量生産向けでは熱成形による応用に適している[23]。

PP 系プラスチックの熱成形用のシートは、シカゴの NPE2000 で Montell

Polyolefins 社が公開している。同社は豊富な PP ファミリーを組み合わせた Montell Integrated Systems を使って、軟質から硬質にわたる４種類の熱成形用の PP 系２層シートを開発した[24]。

これら Montell Polyolefins 社の熱成形用シートの特徴は、熱成形に際して Sag（たれ）がないこと、表面グロスが 80％以上でロックウェル硬度（R）は 100 以上という優れた表面特性を有し、さらに−20℃で 90 J という高い耐衝撃性を有することの３点にある。

これらの熱成形用 PP シートは、表面光沢を出すための高光沢 PP を表面層とし、高強度、高粘度の UHMW（超高分子量）PP をベースとして共押出成形によってシート化されたものである。その種類は、最も柔軟な自動車内装用のシートにはモジュラス 100 MPa、自動車外板用には同 2,000 MPa、船舶外装やスノーモービル用には同 4,000 MPa、自動車ボディ用には最も硬質の同 7,000 MPa という４種類がある。

写真 2-11 は、フロリダのディズニーワールドなどで使われている MERCURY 社の２人乗りのレジャー用パワーボートで、上記の PP シートの熱成形でつくられており、NPE2000 の会場に展示され、PP の新しい応用として注目された。

写真 2-11　Montell Polyolefins 社の PP 系プラスチックの２層シートの熱成形でつくられた MERCURY 社の２人乗りのレジャー用パワーボート（NPE2000 にて、Montell Polyolefins 社展示より）

写真 2-12　$CaCO_3$ 入り PP コンパウンドのガス・アシスト射出成形でつくられた屋根を組み込んだ Club Car 社のゴルフクラブカート（NPE2000 にて、Cinpress 社提供）

一方、**写真2-12**は、PP系コンパウンドのガス・アシスト射出成形によってつくられた屋根を採用したClub Car社のゴルフクラブカートで、従来よりもコストダウンになっている。このように、自動車以外のレジャー用品でも、PP系プラスチックは外装部品として広く利用されている[25]。

2-5 インスツルメントパネルへの応用

1) 環境問題でPVCからPPへ

PP系プラスチックは古くからインスツルメントパネルに使われてきた。英国のThe British Plastics Federationは、1990年のInterplas'90で廃プラスチックのリサイクルキャンペーンを展開したが、その趣旨に賛同してオランダのDSM社は、インスツルメントパネル・キャリアーから表面のクラッシュパッドまで全てPP系プラスチックを使ったオールPP製インスツルメントパネルを提案している（**写真2-13、写真2-14**）。このコンセプトは環境問題を重視したもので、従来クラッシュパッドに使われていたポリ塩化ビニール（PVC）のスラッシュモールド製品をPP系プラスチックに置き換え、インスツルメントパネル全体をPP系プラスチックとしてリサイクルできることを強調したものである。複数の樹脂で組み立てられた場合は、リサイクルに際してそれらを分離し、別々にリサイクルしなければならないが、PP系プラスチックに統一す

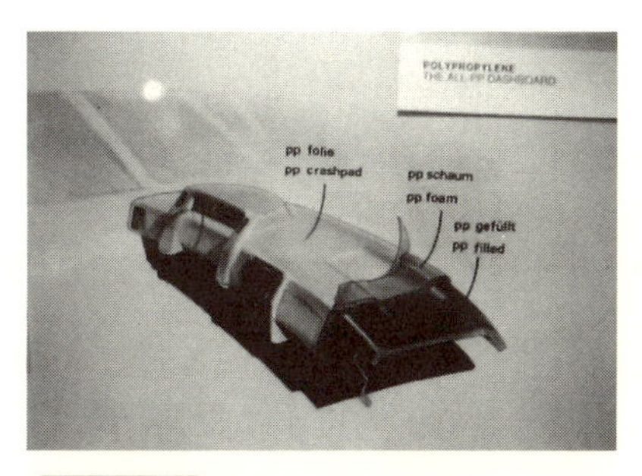

写真2-13 DSM社が提案したリサイクル可能なオールPP系プラスチックを使ったインスツルメントパネルの構造（Interplas '90にて、DSM社展示より）

写真2-14 DSM社のリサイクラブル設計でつくられたオールPP系プラスチック製のインスツルメントパネル（Interplas'90にて、DSM社展示より）

写真 2-15　Himont 社の PP 系プラスチックでつくられたインスツルメントパネル
(Interplas'90 にて、Himont 社展示より)

写真 2-16　EUROTEC グループが開発した完全リサイクラブル設計のオール TPO 製のインスツルメントパネルの断面
(K'92 にて、Klöckner 社展示より)

ることによって、全体を PP 系樹脂リサイクル品として再利用することができる。Himont 社も同じインタープラス '90 で PP 系プラスチック製のインスツルメントパネルを展示し (**写真 2-15**)、多くの車に採用されていると PR していた[26)]。

Klöckner 社は、モールダー4 社と EUROTEC グループを組織し、オール TPO 製の完全リサイクラブル設計のインスツルメントパネルを開発し、K'92 で公開した (**写真 2-16**)。従来使われていた PVC スキンを TPO スキンに、メタルビームを TPO ビームに、PUR フォームを TPO フォームに替え、材料の全てを TPO に統一することによってリサイクル性を完全にしただけでなく、1.5 kg の重量減にも成功している[27)]。しかし、当時の PP 系プラスチックの性能は、インスツルメントパネルやドアなどの素材としては十分なものではなかった。そこで樹脂メーカー各社は PP コンパウンドや TPO の改良品を相次いで開発していった。

DuPont 社は、脱 PVC 内装材として、同社の Surlyn アイオノマー樹脂をベースとした TPO フィルムを Alkor 社と共同で開発し、Opel New Vectra のインスツルメントパネル表皮に採用されたことを K'95 で公開した (**写真 2-17**)。この TPO フィルムは、従来の TPO フィルムより加工性が良く、PVC/ABS フィルムと同様の深絞り可能で、従来の熱成形機で成形できる上に、比重が小さい分 20 %の軽量化ができ、コストは従来と変わらないという[28)]。

Bolealis 社は、K 2004 で、ベースレジンの特性を改良することによってフィ

写真 2-17 脱PVC内装材としてSurlynアイオノマー樹脂をベースとしたTPOフィルムでつくられた表皮を採用したOpel New Vectraのインスツルメントパネル
(K'95にて、DuPont社提供)

写真 2-18 Borealis社の耐スクラッチ性を向上させたTPOでつくられたFiatのインスツルメントパネル
(K 2004にて、Borealis社提供)

ラーや添加剤の量を減らし、耐スクラッチ性を向上させたTPOを開発上市したことを公開した。Borealis EE137AEとEE137HPの2つのグレードで、優れた耐スクラッチ性の他、ローグロス、ハイフロー、低密度、低エミッション、低フォギングなどを特長としている[29)]。**写真 2-18**はこれらのTPOでつくられたFiatのインスツルメントパネルで、Fiat社だけでなく、Lancia、VW、Audi、Fordなどの各社の規格にも合致しているという。

basell社はNPE2006で、インスツルメントパネルに適した3種類のTPO Hostacom TKC717NとTYC727NおよびTRC787Nを開発上市したことを公開した。TKC717Nは中程度のメルトフロー特性を持ち、高い曲げ弾性率を特長とするミネラル充填TPOである。用途は主としてインスツルメントパネルやその関連部品に向けられている。TYC727Nは高メルトフロー特性を持ち、高い耐衝撃性を特長とするミネラル充填TPOで、インスツルメントパネルの他、ニーブロスターやグローブボックスドアなどに適している。TRC787Nは高メルトフロー特性を持ち、高剛性、高耐衝撃性を特長とするミネラル充填TPOで、インスツルメントパネルや、ニーブロスター、グローブボックスドアなどに適している[30)]。

同社はHynndai/kia motor社にポリオレフィンコンパウンドを供給するため、韓国のコンパウンドメーカーHyundai Engineering Plastics（HEP）社と提携し、

写真2-19　basell社のTPOを使ってHyundai Engineering Plastics社のライセンスでつくられたTPOコンパウンドSupol製部品を組み込んだ2006年型Hyundai Sonata
（NPE2006にて、basell社提供）

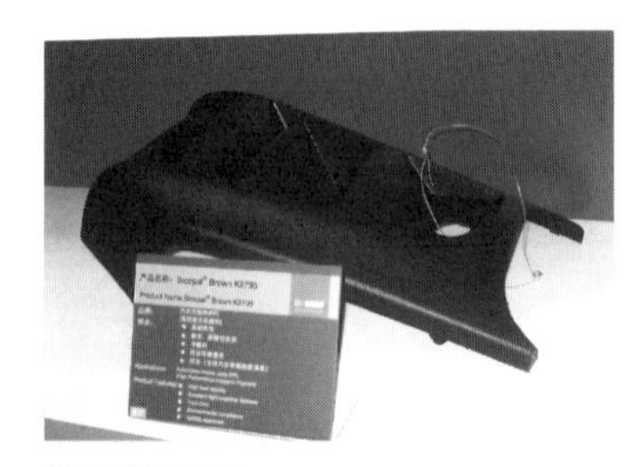

写真2-20　BASF社のSicopal Brown K2795を配合したPP系プラスチックでつくられた内装部品
（Chinaplas 2009にて、BASF社展示より）

HEP社のTPOコンパウンドSupolのグローバルな供給を全面的にサポートしている。basell社のTPOを使ってHEP社のライセンスでbasell社が北米で生産したSupol POコンパウンドは、米国で生産された2006年型Hyundai Sonata（**写真2-19**）や2007年型Hyundai Sonata Fe SUVなどに使われている[31]。

その他のPP樹脂メーカーも、インスツルメントパネルに適したPPコンパウンドやTPOグレードを開発しており、現在はインスツルメントパネルの主力材料になっている。

自動車の内装部品、特にインスツルメントパネルは直射日光にさらされて、高温になることが多く、いろいろの問題を起こす原因となる。その問題を解決する方法として、BASF社は特殊な高性能無機質顔料Sicopal Brown K2795を開発した。この特殊顔料は近赤外線を反射するので、PP系プラスチックに配合することによって長時間直射日光にさらされてもPP製品の表面温度の上昇が鈍く、冷たい状態を長続きさせることができる。**写真2-20**はPP系プラスチックにSicopal Brown K2795を配合したPP系プラスチックでつくられた自動車内装部品で、直射日光にさらされても温度が上昇し難くなっている。Sicopalには Black K0095とBrown K2795の2種類が商品化されている[32]。

2）インスツルメントパネル・キャリアー

初期のPP系コンパウンドでつくられたインスツルメントパネルは剛性が低

いため、金属補強材の併用が必要であった。この問題を解決する方法の一つとして、インスツルメントパネル・キャリアーに補強のためのリブを多用することが考えられた。しかし、PP系プラスチックの射出成形品で多くのリブを付けることは、製品にソリやヒケを発生させるために、実用上不可能であった。

この問題を解決するために採用されたのがガス・アシスト射出成形である[33]。ガス・アシスト射出成形では、この問題を解決し、インスツルメントパネル・キャリアーに多くの補強リブを付けることを可能にした。そして金属補強材の使用を不要にし、生産性の向上に加えて、軽量化とリサイクル性の向上に貢献することができる。

写真2-21は、Heartland Automotive社がアメリカいすゞ社のロディオ向けに開発したインスツルメントパネル・キャリアーで、タルク24％入りPPのガス・アシスト射出成形でつくられている。全重量6.2 lbという軽量で、補強リブの効果で十分な剛性と強度を有し、低コストでの生産に成功している。ヒケやソリがないので、スキン層を張り付けた状態でも美しい表面に仕上がっている[34]。

金属補強材の併用を避けるためのもう一つの方法として、長繊維強化PP（GMT）が採用された。特にMercedes Benz Sクラスのインスツルメントパネル・キャリアーにGF40％入りのPP系GMTが採用されたとして、K'92で

写真2-21　Heartland Automotive社がアメリカいすゞ社向けに開発した24％タルク入りPPのガス・アシスト射出成形でつくられたインスツルメントパネル・キャリアー
（SPI, Structural Plastics '96にて、Heartland Automotive社展示より）

写真2-22　GF40％入りPP系GMTでプレス成形されたMercedes Benz Sシリーズのインスツルメントパネル・キャリアーのプレス直後の製品（手前の2つ）と完成品（最上段）
（K'92にて、Presswerk Könger社提供）

Presswerk Konger社がその詳細を公開した（**写真2-22**）ことによって、インスツルメントパネル・キャリアーへのGMTの採用が急速に普及して行った。このインスツルメントパネル・キャリアーは、肉厚が薄いところで2mm、最も厚いところで7mm、全重量は3.5kgと、従来射出成形でつくられていたPP系コンポジット製品よりも軽量でコストダウンになっている[35)]。Mercedes Benz社ではその後Eクラス、Cクラスにも GMT製のインスツルメントパネル・キャリアーの採用を広めている。

GMTの開発と並行して、ガラス繊維の長さをPP系樹脂のガラス繊維強化グレードの1mm程度から10〜15mmに長くした長繊維強化Thermoplastic Composite（TPC）が開発され、GMTと競合してきた。その一つがHoechist-Celannese社からTicona社に引き継がれたCelstranである。この製造方法は、連続したガラス繊維に、溶融した熱可塑性プラスチックをプルトリュージョン方式（引抜成形）で含浸させ、冷却後必要な長さのペレットに切断する方法を取っている。繊維の長さは、標準的なグレードで11〜13mm、繊維の含有量は30〜60%とされている。

写真2-23は、Celstran PP GF30の射出成形でつくられたScoda Fabiaのインスツルメントパネル・キャリアーで、2.7mmの薄肉射出成形により、GMTより大幅な軽量化とコストの削減に役立っている[36)]。

1999年にオランダのDSM社とガラスメーカーのOwens Corning社とのJVとして設立されたStaMax社も、ガラス長繊維強化熱可塑性樹脂コンポジットStaMaxを開発し、自動車部品への応用を開始した。同社は2002年にDSM社

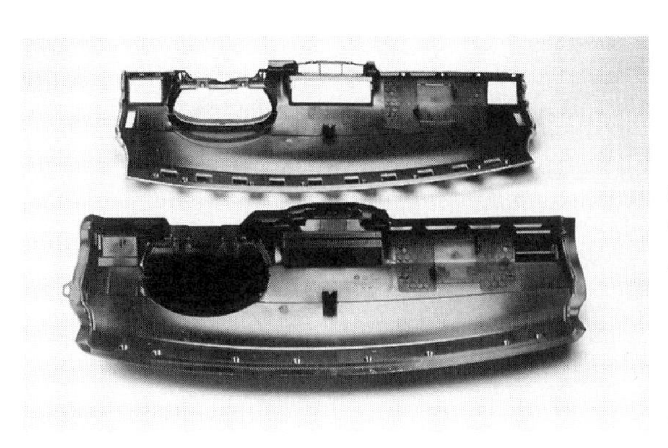

写真2-23 Ticona社のCelstran PP GF30の射出成形でつくられたSkoda Fabiaの2.7mm厚の薄肉インスツルメントパネル・キャリアー
(K 2001にて、Ticona社提供)

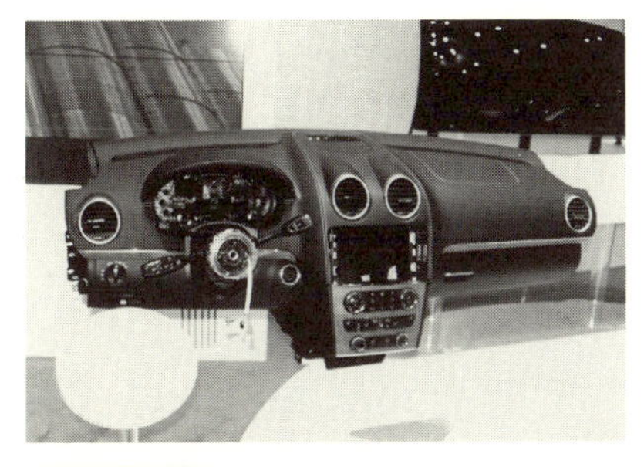

写真2-24 SABIC社のガラス長繊維強化PP STAMAX 30YM40の射出成形でつくられたインスツルメントパネル・キャリアーを組み込んだMercedes Benz Mクラスのインスツルメントパネル
(K 2007にて、SABIC社展示より)

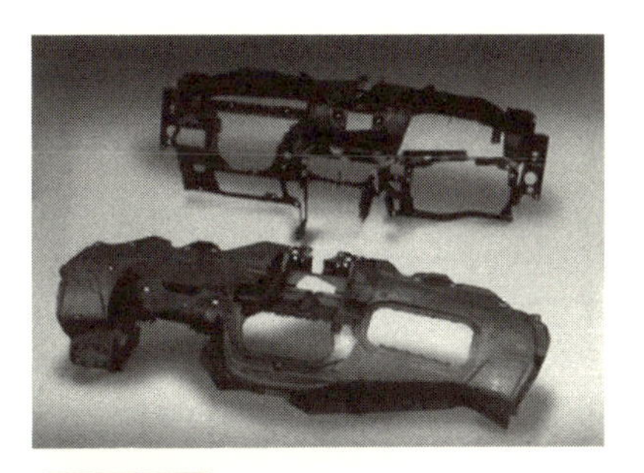

写真2-25 PPコンパウンドのMuCell ProcessでつくられたNew Ford Escapeのインスツルメントパネル・キャリアー
(NPE2012にて、TREXEL社提供)

がPP事業をSABIC社に売却したことによりSABIC社に吸収されたが、同社はStaMaxの商品名で引き続き開発を進めている。

写真2-24は、Delphi Automotive Systems社によってStaMax 30YM40の射出成形でつくられたインスツルメントパネル・キャリアーを組み込んだMercedes Benz Mクラスのインスツルメントパネルで、K2007で公開された。従来使われていたGMT製のキャリアーより軽量化とコストダウンに成功したことを強調している。

PPコンパウンドを使って、TREXEL社のMuCell Processと呼ばれる射出発泡成形によるインスツルメントパネルの実用化も進められている。2011年11月のSPEの第41回Auto Innovation Awards Competitionで、MuCell Processで成形されたPPコンパウンド製のNew Ford Escapeのインスツルメントパネル・キャリアーが出展され(**写真2-25**)、Grand Awardを受賞している。このインスツルメントパネル・キャリアーは、従来品より1lb軽く、成形サイクルは15%減少し、型締め圧も45%減で、車1台当たり3ドルのコスト削減になるという[37]。

さらに同社は、2012年3月、VW社のGolf 7のインスツルメントパネル・キャリアーにMuCell Processが使われたことを公開した(**写真2-26**)。このPPコンパウンドの射出発泡成形によるキャリアーは、従来のインスツルメントパ

写真2-26　PPコンパウンドのMuCell Processでつくられたキャリアーを組み込んだVW Golf 7のインスツルメントパネル
(NPE 2012にて、TREXEL社提供)

ネルの3.0 kgに対して2.5 kgと、0.5 kgの軽量化に成功している。加えて、成形サイクルは20 %減少し、使用材料減と合わせてコスト削減に寄与している[38)]。

MuCellとは、Microcellular Process Technologyを表すTREXEL社の商標で、射出発泡成形に際してN_2やCO_2の液体を発泡剤として使用することを特長としている。成形に際して液体状のN_2やCO_2が超臨界状態になり、溶融樹脂の流動性が大幅に向上し、結果として成形圧力や成形サイクルタイムの減少、射出成形機のダウンサイジングなどによりコストダウンにつながる。製品中の泡も均一で微細な構造になり、製品の軽量化と強度や剛性などの向上が達せられる。

この技術は、マサチューセッツ工科大学のNam Suh氏によって発明されたもので、その後TREXEL社にライセンスされ、NPE'97で公開されて注目された。しかし、ライセンスフィーを成形機メーカーにも課し、加えて成形加工メーカーにもライセンスフィーとランニングロイヤリティを課していたことから、あまり普及しなかったが、2011年以降このライセンス方式を変更したことによって大型製品への適用が進んだとみられている。

2-6 インスツルメントパネル以外の内装部品への応用

1990年台になって、それまで軟質PVCレザーが使われていたインスツルメントパネル表皮だけでなく、ドア内装の表皮や天井表皮にも脱PVCの動きが活発になってきた。

Göppinger Kaliko社は環境問題を重視する立場から、従来、車の天井表皮に使われていたPVCレザーに代わって、ハロゲンフリーでリサイクル可能な熱可塑性エラストマー（TPO）系のレザーを開発し、K'92で公開した（**写真2-27**）[39]。さらに同社は、TPO製表皮だけでなく、タルク入りPPでつくられたフレーム、PP発泡体やPP繊維を使って、完全リサイクラブル設計のドアトリムを開発し、BMW 3シリーズに採用予定としてK'92で展示していた（**写真2-28**）[39]。

1994年のNPEで、Himont社は同社のプロピレン・エチレン・コポリマーPRO-Fax SD242がFord社の'95年型WINDSTARミニバンの多くの内装品に採用されたとして、その詳細を公開した（**写真2-29**）。この車では、リフト

写真2-27　Göppinger Kaliko社のハロゲンフリーでリサイクル可能なTPO系レザーでつくられた自動車の天井
（K'92にて、Göppinger Kaliko社展示より）

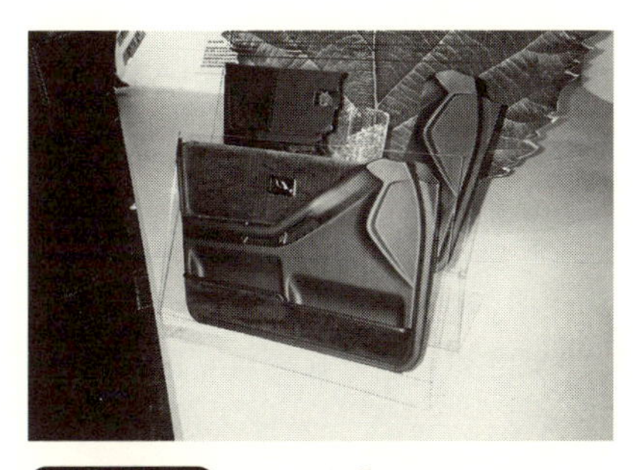

写真2-28　タルク入りPPフレーム、PP発泡体、TPOスキン、PP繊維からなる完全リサイクラブル設計のドアトリム
（K'92にて、Göppinger Kaliko社展示より）

写真 2-29　Himont 社の PP コポリマーPRO-Fax SD242 でつくられた内装品を多用した Ford 社の '95 年型 WINDSTAR ミニバン
（NPE'94 にて、Himont 社展示より）

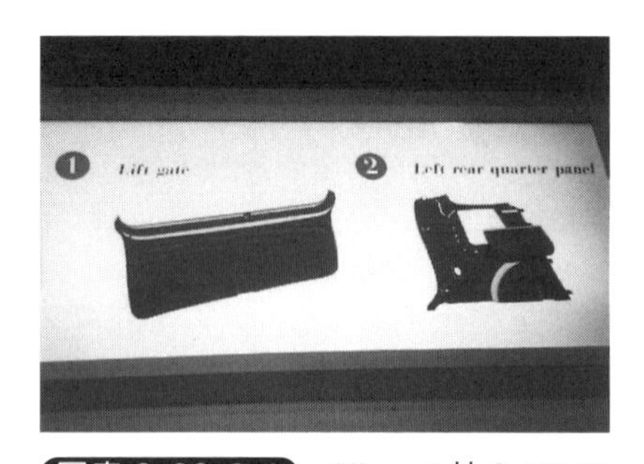

写真 2-30 の 1　Himont 社の PP コポリマーPRO-Fax SD242 でつくられた Ford 社の WINDSTAR ミニバンの①リフトゲート内装と②左リアコーターパネル内装
（NPE'94 にて、Himont 社展示より）

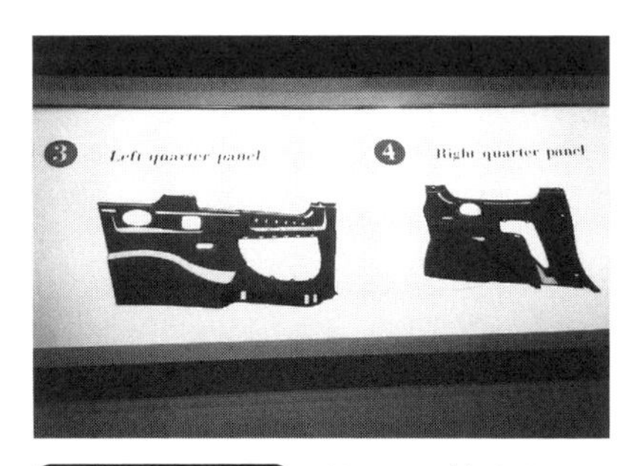

写真 2-30 の 2　Himont 社の PP コポリマーPRO-Fax SD242 でつくられた Ford 社の WINDSTAR ミニバンの③左コーターパネル内装と④右コーターパネル内装
（NPE'94 にて、Himont 社展示より）

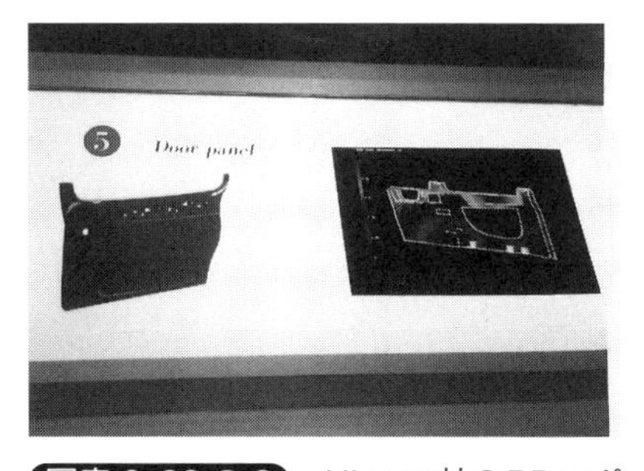

写真 2-30 の 3　Himont社のPPコポリマーPRO-Fax SD242 でつくられた Ford 社の WINDSTAR ミニバンの⑤ドアパネル内装と㊨左コーターパネル内装の成形時の金型内の樹脂の流動解析
（NPE'94 にて、Himont 社展示より）

ゲート、4 枚のドアパネル、インテリアトリム、4 個のピラーの他、多くの部品が ABS 樹脂や無機質充填 PP 製から PRO-Fax SD242 の製品に置き換えて採用されている（**写真 2-30** の 1、2、3）。この PP コポリマーは、MI 35 の高流動性で、1 点ゲートで大型のパネルを成形することができる。そのため ABS 樹脂より成形しやすく、成形機の小型化、金型コストの低下、表面仕上がりの向上による塗装工程の省略など、環境問題の解決だけでなく、大幅なコストダウンに成功している[40]。

写真 2-31　PP系プラスチックを28 kg使用し、そのNew Edge DesignがGlobal Awardを受賞したFord社のミニカーNew Ford Ka
（NPE'97にて、Montell社展示より）

写真 2-32　ExxonMobil Chemical社のPPコンパウンドExxtralを多用した2004年型new Peugeot 407の内装
（K 2004にて、ExxonMobil Chemical社提供）

その3年後の1997年には、Montell Polyolefinsと社名が変わったHimont社は、Ford社のミニカー、New Ford Kaのバンパー・フェイシャー、インスツルメントパネル、シートバック他多くの部品に、同社のHi Fax TPOが総計28 kgも使われているとして、NPE'97で公開した（**写真 2-31**）。そのNew Edge DesignはGloval Awardを受賞している[41]。

ExxsonMobil Chemical社もPP系コンパウンドの内装部品への応用開発に力を入れてきた。同社は部品メーカーのVisteon社や機械メーカーのFaurecia社と組んで、PSA Peugeot Citroen社の多くの車の内装部品に同社のPPコンパウンドExxtralの採用に成功している。

2004年に発売されたnew Peugeot 407（**写真 2-32**）では、その内装部品の多くにExxsonMobil Chemical社のExxtralの各種グレードが使われた（**図 2-3**）。そのアッパートリムには低密度で耐UV性に優れ、寸法安定性の良いことが評価されて、Exxtral CMV205が採用された。このグレードは、美しい表面特性を長時間保持することができる上に、剛性と耐衝撃性のバランスが良いことを特長としている。ロウアートリムには耐衝撃性が必要とされることから、高結晶性で特に耐衝撃性の高いExxtral BNU011が使われている。ドアパネルやその他のドア部品に高剛性、良好な耐衝撃性、成形性の良さからExxtral BNT013が使われている[42]。

さらに、2004年9月のパリ自動車ショーで公開された新型のCitroen C4や

図 2-3　ExxonMobil Chemical 社の PP コンパウンド Exxtral が使われた 2004 年型 new Peuget 407 の内装部品

Peugeot 1007 の内装部品にも、同社の多くの PP 系コンパウンドが採用されている。例えば Citroen C4 のインテリアには、自動車のコックピット用に特別に開発された PP コンパウンド Exxtral BMT1O6 が使われている（**写真 2-33**）。このグレードは、従来のものより充填材の含有量が少なく低密度でありながら、従来品の外観や安全性を損なうことなく高い剛性を示し、インスツルメントパネルの軽量化を可能にしたグレードである。Citroen C4 のコンソールとロウアートリムは、new Peugeot 407 と同様に高結晶で耐衝撃性の高い Exxtral BNU011 が使われている。Peugeot 1007 のインスツルメントパネルやコンソールにも Citroen C4 と同じグレードが使われている[43)]。

PSA Peugeot Citroen 社では、上記の車以外にも、Peugeot 206、307、807、および Citroen C3、C5、C、Picasso、Berlingo などにも多くの Exxtral PP コンパウンドを採用している[43)]。

Borealis 社も自動車の内装部品の軽量化に役立つとして、ミクロコンポジット技術を応用した新時代の PP 系コンポジット、Borcom WG 140AI を開発し、

写真 2-33　ExxonMobil Chemical 社の PP コンパウント Exxtral を多用した 2004 年型 Citroen C4 の内装（K 2004 にて、ExxonMobil Chemical 社提供）

写真 2-34　Borealis 社の New Borcom PP ミクロコンポジットで自動車の軽量化、スリム化が達成されるというイメージ写真（K 2004 にて、Borealis 社提供）

K2004 で公開している。このグレードは、ミクロン単位の充填材を特殊な方法で PP 樹脂に 10 %充填したグレードである。従来使われていた 20 %充填グレードと同等の剛性を維持しながら、より高い耐衝撃性を有し、8 %の軽量化を達成することができる。このグレードは、主として空調のハウジング、エアーダクト、サイドトリムなどの内装部品に使われる。成形流動性も良く、成形収縮も小さく、着色も容易で、自動車のスリム化とコストダウンに寄与することができる[44]。ミクロ単位の充填材を使うことでBorcom WG 140AIは、部品の重量を下げ、コストや車体重量を下げるだけでなく、材料のハンドリングや運搬、貯蔵などの費用の節約にも寄与することになる。**写真2-34**は、自動車のスリム化、軽量化を象徴するイメージ写真である[44]。

2-7 内装材として期待される発泡PP

発泡PPも内装材としての応用が進められている。軽量で耐熱性、遮音性に優れ、高いエネルギー吸収能力を持ち、繰り返しの衝撃荷重にも耐える優れた弾性を有するなど、内装材としての魅力的な特性を有している。

写真2-35は、BASF社のNeopolen発泡PPビーズを使って、同社がBMWグループと共同で開発したセンターコンソールの構造体で、2013年SPEの第15回ヨーロッパ自動車部門のボディ・インテリア・カテゴリー部門賞を受賞している。BMWグループはセンターコンソールの目に見える部分にPP発泡体を採用した世界で最初の自動車メーカーである。Neopolen PP発泡体を使ったことで、従来品に比べて約30％の軽量化に成功した。

BMW社は、近い将来、この発泡PP製の軽量構造体を、同社のシリーズ車

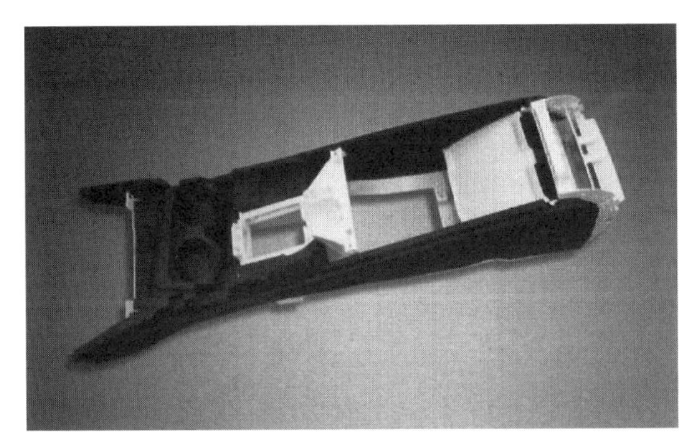

写真2-35 BASF社のNeopolen発泡PPビーズを使ってBMWグループと共同開発したセンターコンソール構造体（BASF社、News Releaseより）

種に採用するものと期待されている[45]。

2-8 内装構造体部品への応用

ガラス長繊維強化PPは、インスツルメントパネルケース以外にも、シートシェルやドアモジュールなどに使用されてきた。**写真 2-36** は、BASF 社のPP 系 GMT、ELASTOPREG でつくられた BMW 3 シリーズのフロントシートシェルで、それまでガラス繊維強化 PA の射出成形でつくられていたものを置き換えた。この PP 系 GMT 製のシートシェルは、ガラス繊維強化 PA 製よりも強度が高く、生産性が高いのでコストダウンにつながっている[46]。

写真 2-37 は GE Plastics 社の AZDEL でつくられたバックシートシェルで、この他にも、BMW 850 シリーズや Audi 社など数社のシートシェルに PP 系 GMT 製のシートシェルが採用されていった[47]。

一方ヘッドライナーには、熱成形法でつくられたPP系GMTが使われている。**写真 2-38** は、GE Plastics 社の AZDEL Superlite の熱成形でつくられたアメリカ日産の SUV、XTERRA のヘッドライナーで、従来ポリウレタンでつくられていたものより 25 % も肉厚が薄く、強度は 2 倍に達し、遮音性もより優れたものとなっている。AZDEL Superlite は、従来の AZDEL が連続したガラス長繊維を使用するのに対して、10〜50 mm に切断したガラス繊維を使用し

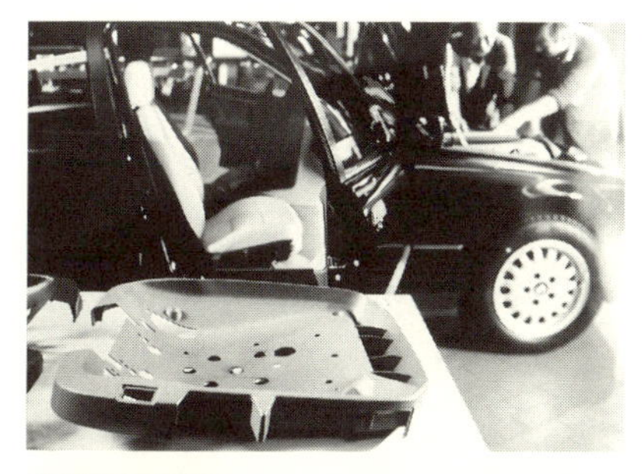

写真 2-36　BASF 社の PP 系 GMT、ELASTOPREG でつくられた BMW 3 シリーズのフロントシートシェル（K'92 にて、BASF 社提供）

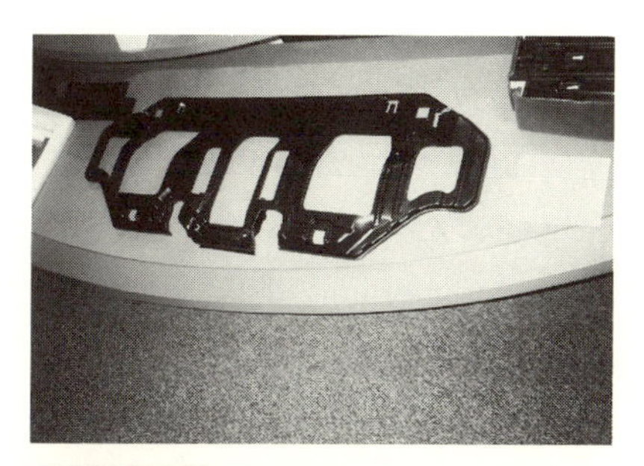

写真 2-37　GE Plastics 社の GMT AZDEL でつくられたバックシートシェル（Interplas '93 にて、GE Plastics 社展示より）

写真2-38　GE Prastics 社の GMT AZDEL Superlite の熱成形でつくられたアメリカ日産の SUV、XTERRA のヘッドライナー
(NPE2000 にて、GE Plastics 社展示より)

写真2-39　AZDEL Superlite 製のインスツルメントパネル、A ピラー、アッパーおよびロウアー B ピラー、バルクヘッド、カウエルベントを採用した2005 年型 Food GT
(NPE2003 にて、GE Plastics 社展示より)

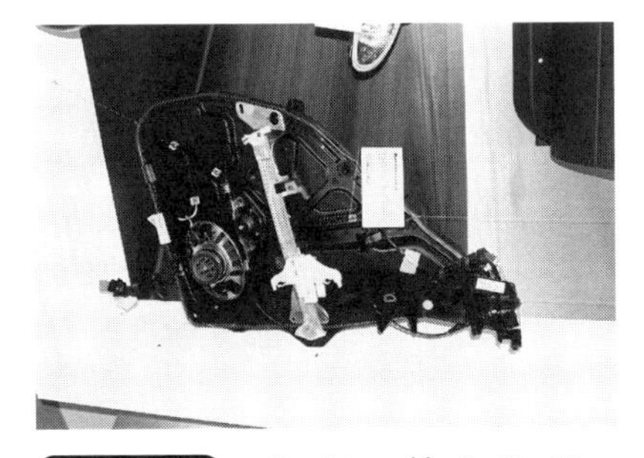

写真2-40　StaMax 社の StaMax P30YM240 の射出成形でつくられた量産車のドアモジュールのプロトタイプ
(K 2001 にて、DSM 社展示より)

て作られる GMT で、成形加工時の流れが良く、より複雑な形状の製品を成形することができ、熱成形が可能な GMT である。従来の GMT が必要としたプレス成形での 200 bar の金型圧力に対して、熱成形ではわずか 5 bar 以下の金型圧力で成形することができる[48]。XTERRA のヘッドライナーへの採用以来、AZDEL Superlite の熱成形ヘッドライナーは、多くの車に採用されていった。

写真2-39 は 2005 年型 Ford GT で、そのインスツルメントパネル、A ピラー、アッパーおよびロウアー B ピラー、バルクヘッド、カウエルベントに AZDEL Superlite の熱成形製品が使われている。AZDEL Superlite は、軽量で、熱成形による低圧性が可能なので、開発期間が短く、全体として従来品より約 20 %のコストダウンが可能になっている[49]。

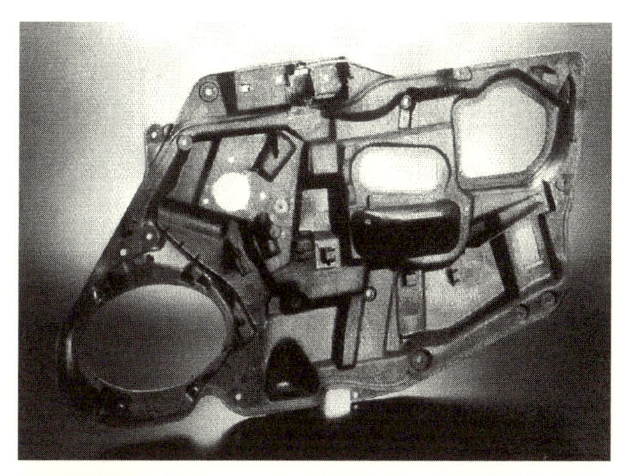

写真 2-41　日本ポリプロ(株)のガラス長繊維強化 PP コンポジット、ファンクスターXLR2983（GF30 %）でつくられたドアモジュール
(IPF2005 にて、日本ポリプロ提供)

一方、射出成形可能なガラス長繊維強化 PP コンポジットも内装部品のドアモジュールに向けた開発が進められた。DSM 社と Owens Corning 社の JV、StaMax 社の StaMax P40YM240 でつくられたフロントエンド･キャリアーが、2002 年型の BMW Mini に採用された他、量産車のドアモジュール（**写真 2-40**）のプロトタイプもつくられ、その後のドアモジュールへの応用の先駆けとなった[50)]。

日本でも IPF2005 で、日本ポリプロ(株)が同社のガラス長繊維強化 PP コンポジット、ファンクスターXLR2983（GF30 %）でつくられたドアモジュール（**写真 2-41**）を展示して PR していた[51)]。

参 考 文 献

1) 舊橋章：製品開発に役立つプラスチック材料入門、日刊工業新聞社、2005 年 9 月 30 日発行、p. 15～17
2) シンジオタクチック・ポリプロピレン；チアロ、工業材料、1998 年 3 月号、p. 44～45
3) フリー百科事典、ウィキペディア（Wikipedia)、ポリプロピレン

4) 設計者のためのやさしい自動車材料、NIKKEI MATERIALS & TECHNOLOGY BOOKS、p. 110
5) 長岡猛：K2010に見る自動車の軽量化と外板へのプラスチックの採用動向、SOKEIZAI、Vol. 52 (2011)、No. 2、p. 56～61
6) 藤田裕二：ポリプロピレンの開発と自動車材料への応用、自動車技術会春季大会予稿集、2005年5月20日
7) Charies D. Weber ほか：One Piece D-LFT Automotive Running Boards、SPI Structural Plastics 2004、講演予稿集
8) Cinpres社：NPE '94 Press Release
9) 舊橋章：K2004レポート、プラスチックスエージ、2005年3月号、p. 120
10) 高橋直是ほか：バンパリサイクルに関する取り組み、自動車技術、Vol. 56, No. 5、p. 27～31
11) 藤和久ほか：バンパからバンパへのリサイクルのための塗膜除去技術、成形加工、VOL. 18、No. 8、p. 567～570
12) 舊橋章：SPI Structural Plastics '98、設計技術にいかされる最適成形方法、プラスチックスエージ、1998年8月号、p. 140～141
13) 和邇健二：自動車の安全基準の動きについて、工業材料、2007年6月号、(Vol. 55、No. 6)、p. 23～30
14) 舊橋章：熱可塑性コンポジットの開発と実用動向、プラスチックス、Vol. 40、No. 3、p. 18～21
15) 舊橋章：Interplas '90より、プラスチックスエージ、1991年4月号 p. 188～189
16) U. S. Patent No. 5, 165, 941 (Nov. 24, 1992), Ronald C. Hawley (Composite Products, Inc.,)
17) U. S. Patent No. 5, 185, 117 (Feb. 9, 1993)、Ronald C. Hawley (Composite Products, Inc.,)
18) U. S. Patent No. 6, 186, 769 (Feb. 13, 2001)、Ronald C. Hawley (Woodshed Technologies, Inc.,)
19) 舊橋章：NPE 2006レポート(1)、プラスチックスエージ、2006年10月号、p. 109～110
20) 舊橋章：K2007レポートⅡ、プラスチックスエージ、2008年3月号、p. 86～87
21) 舊橋章：K2007レポートⅡ、プラスチックスエージ、2008年3月号、p. 86
22) 舊橋章：製品開発に役立つプラスチック材料入門、日刊工業新聞社、2005年9月30日発行、p. 43
23) 舊橋章：製品開発に役立つプラスチック材料入門、日刊工業新聞社、2005年9月30日発行、p. 182
24) 舊橋章：NPE2000レポート、プラスチックスエージ、2000年8月号、p. 126～

127
25) 舊橋章：NPE2000 レポート、プラスチックスエージ、2000 年 8 月号、p. 128
26) 舊橋章：ヨーロッパにおけるエンプラ・スーパーエンプラの応用開発、―インタープラス 90 より―、プラスチックスエージ、1991 年 4 月号、p. 185〜187
27) 舊橋章：K '92 に見るプラスチック材料の最新動向、プラスチックスエージ、1993 年 3 月号、p. 169
28) 舊橋章：K '95 レポート、プラスチックスエージ、1996 年 2 月号、p. 139〜140
29) Borearlis 社：Pre-K 2004 Press Briefing、BLPR039E0704
30) 舊橋章：NPE2006 レポート（Ⅰ）、プラスチックスエージ、2006 年 10 月号、p. 122
31) 舊橋章：NPE2006 レポート（Ⅱ）、プラスチックスエージ、2006 年 11 月号、p. 109
32) 舊橋章：Chinaplas 2009 レポート、プラスチックスエージ、2009 年 9 月号、p. 71
33) 舊橋章：高付加価値プラスチック成形法、日刊工業新聞社、2008 年 3 月 28 日発行、p. 73〜100
34) 舊橋章：SPI Structural Plastics '96、コスト低減に役立つ最適成形方法の選択、プラスチックスエージ、1996 年 8 月号、p. 116
35) 舊橋章：「K '92 に見るプラスチック材料の最新動向」、プラスチックスエージ、1993 年 3 月号、p. 171
36) 舊橋章：K2001 レポートⅡ、プラスチックスエージ、2002 年 3 月号、p. 114
37) TEREXEL 社：Press Release、Nov. 9、2011
38) 舊橋章：NPE2012 レポート(2)、プラスチックスエージ、2012 年 9 月号、p. 90〜91
39) 舊橋章：K '92 に見るプラスチック材料の最新動向、プラスチックスエージ、1993 年 3 月号、p. 168〜169
40) 舊橋章：NPE '94 レポート、プラスチックスエージ、1994 年 11 月号、p. 134〜135
41) 舊橋章：NPE '97 レポート、プラスチックスエージ、1997 年 10 月号、p. 132〜133
42) 舊橋章：K2004 レポートⅡ、プラスチックスエージ、2005 年 5 月号、p. 121
43) ExxonMobil Chemical 社：K2004 における News Release
44) Borealis 社：K2004 における Media Release、October 20, 2004
45) BASF 社：News Release、November 21、2013、p. 534/13e
46) 舊橋章：K '92 に見るプラスチック材料の最新動向、プラスチックスエージ、1993 年 3 月号、p. 171〜172

47）舊橋章：ヨーロッパにおけるプラスチック製品開発動向、プラスチックスエージ、1994年3月号、p. 152～153
48）舊橋章：NPE2000レポート、プラスチックスエージ、2000年10月号、p. 127
49）舊橋章：NPE2003レポート、プラスチックスエージ、2003年10月号、p. 98
50）舊橋章：K2001レポート、プラスチックスエージ、2002年3月号、p. 114
51）舊橋章：IPF2005レポート、工業材料、2005年1月号、p. 100

第3章
ガラス長繊維強化PPコンポジットと自動車構造体への応用[1)]

3-1 Glass Mat Thermoplastics（GMT）

前章までに紹介してきたように、バンパービームやインスツルメントパネルケースなどに使われてきたガラス長繊維強化PPコンポジットは、1980年代中ごろからヨーロッパや米国で活発に開発されるようになった。初期の頃は多くの製法が開発されたが、その主なものには、連続したガラス繊維マットにPP樹脂粉末をまぶしてつくられたマットと、あらかじめ10〜50 mmに切断したガラス繊維とPP粉末を水に懸濁させ、紙を漉くような方法でつくられたマットの2種類がある。このようにしてつくられたマット状の半製品は、成形に際して予備加熱され、プレスや熱成形で金型に圧縮されながら急冷却されて製品となる。このような成形方法から、これらの製品はGlass Mat Thermoplastics（GMT）と呼ばれてきた。日本ではスタンパブルシートという呼名で紹介された。

この成形方法は熱硬化性のSMCのプレス成形に似ているが、SMCではプレス圧縮した金型の中で加熱して硬化反応を起こさせて成形品を得るのに対して、GMTではプレスで圧縮しながら急速冷却して成形品を得る点が大きく異なる。これによって、GMTの成形サイクルがSMCのそれよりも大幅に短くなって成形コストの削減につながっている。

連続ガラス繊維を使ったGMTは、米国のガラスメーカーPPG社が開発したAZDELの他、BASF社など数社が開発してきた。PPG社は1986年にGE社と合弁会社Azdel Inc.を設立しGE Plastics社が開発を進めてきた。**図3-1**はAZDELの加工設備で、全て自動化されているのが注目された。AZDELは1986年型Ford Mustangのバンパービーム（**写真3-1**）に採用された他、Audi、Mercedes Benz、BMWなどヨーロッパの多くの車に採用されてきた。

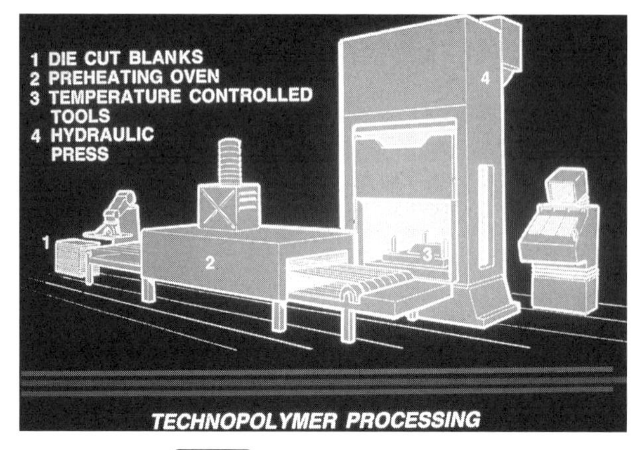

図3-1　AZDELの加工設備
1. 原料マット切断装置　2. 予熱オーブン
3. 温度調節された金型　4. 油圧・プレス

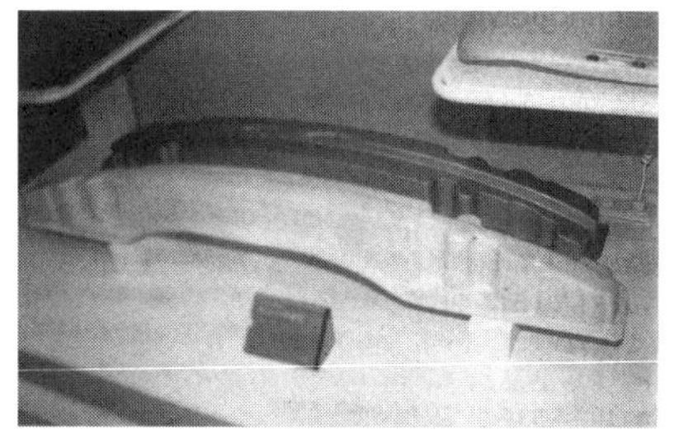

写真3-1　Ford社のMustang '86年型に採用されたPP系GMT、AZDELでつくられたバンパービーム
(K'86にて、Azdel社展示より)

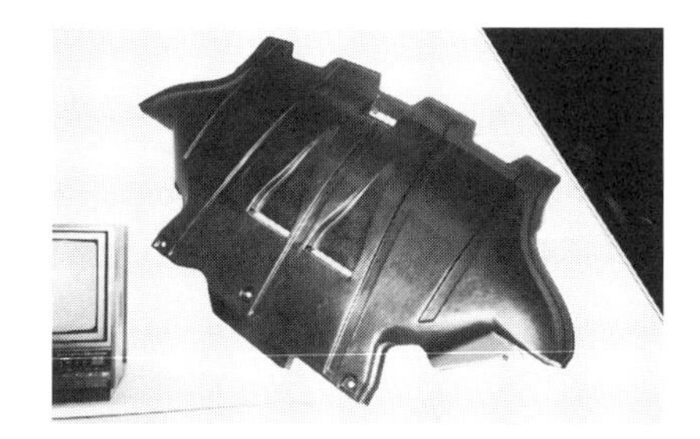

写真3-2　Audiに採用されたPP系GMTでつくられたエンジンルーム・アンダーカバー
(K'92にて、Diffenbacher社展示より)

また、プレス成形の特長として、投影面積の大きい製品に有利なことから、エンジンルーム・アンダーカバー（**写真3-2**）のような部品に採用されていった[1]。その他、スイスのSymalite社も同様のGMTを開発してきた[2]。

このGMTが最も注目されたのがプロローグP. 7項でも紹介したVW社のGolf A3のフロントエンドへの採用である（**写真3-3**）。このフロントエンドは、従来15個の金属製部品から組み立てられていたものを、1個のGMT製品に集約し、バリ取り以外は完全自動化された2,000トンプレスで、1サイクル35

写真 3-3　PP 系 GMT（GF40 %）で成形された VW 社の Golf A3 のフロントエンド
（K'92 にて、Presswerk Könger 社展示より）

秒という当時の射出成形の 3 倍の生産性を達成した。組み立てラインも数 10 分短縮され、軽量化に加えて大幅なコストダウンに成功しており、当時の SPE の自動車部門賞他多くの賞を受賞した。当時、このフロントエンドは、年間 130 万個の量産に成功し、Audi や Volvo 社などの多くの車に採用されていった[3)]。

これに対し、10～50 mm のガラス繊維を使った GMT は、英国の製紙メーカーWiggins Tape 社が開発した RADELITE 法などがある。この種の GMT は連続ガラス繊維を使った GMT よりも加工時の流れが良く、より複雑な形状の製品を成形するのに適している。GE Plastics 社はこの RADELITE 法を導入して、熱成形可能な AZDEL Superlite を開発し、2000 年から販売を開始した。熱成形はプレス成形に比べて成形設備や金型などの初期コストが安いことが特長として注目された。後に AZDEL は GE Plastics 社がアラビアの SABIC 社に買収されたことから SABIC 社に吸収された。

3-2　長繊維強化 Thermoplastics Composite（LFT）

一方、GMT とは別に、エンジニアリングプラスチック（エンプラ）などに使われている1mm程度の長さのガラス繊維強化プラスチックの改良を目的として、強化繊維の長さを10〜15mm程度にした長繊維強化Thermoplastic Composite（LFT）もGMTと同時期に開発されている。

その一つが、ICI社が開発した10mm程度のガラス繊維やカーボン繊維などとPP他PAやPBTなどの熱可塑性エンプラとのコンポジットで、Vertonの商品名で販売された。製造方法は、連続する繊維に溶融した熱可塑性樹脂を含浸させ、冷却したものを10mm程度の長さに切断したもので、いわゆるペレットの形で供給された。その後、ICI社がプラスチック部門から撤退したことからVertonはLNP社に引き継がれ、さらにLNP社がGE Plastics社の子会社に編入されたことから、GE Plastics社を経て、SABIC社に吸収された。

同じ頃、Hoechst-Celanese社は、米国のPolymer Composite社が開発した射出成形可能な長繊維強化熱可塑性樹脂コンポジット（LFT）の製造技術を導入し、Celstranの商品名で上市した。その後、子会社のTicona社が引き継いで市場開発を続けている。Celstranの製法は、強化用の連続繊維に溶融した熱可塑性樹脂をプルトルージョン方式で含浸させ、必要な長さに切断して、ペレットにする方式である。標準的なグレードで13mmとなっており、強化繊維の含有量は30〜60%とされている。**写真3-4**はTicona社のCelstran PP-

写真3-4 Ticona社のCelstran PP GF40の射出成形でつくられたフロントエンドと、それを組み込んだ2001年型Citroen C5
（K2001にて、Ticona社提供）

GF40の射出成形でつくられたフロントエンドと、それを組み込んだ2001年型Citroen C5である。Celstranは従来のGF強化PPより剛性や強度が高く、GMTほどの強度はないが、より薄肉化が可能ということが評価されて、GMTに代わって写真2-23に紹介したようなインスツルメントパネル·キャリアーやフロントエンドに相次いで採用されるようになった[4)]。

また、より強度を必要とするオフロード車の部品にも採用されている。**写真3-5**は、四輪駆動のオフロード車、Xplorerで、そのバンパー、フットレスト、荷物ラックには長繊維GF40％入りのCelstran PPコンポジットの射出成形品が、その剛性とタフネスさを評価されて採用されている。

さらに同社は、最近急速に普及してきたDirect Long Fiber Thermoplastics Composite（D-LFT）に対抗して、より強度の高い連続長繊維を使った新しいPPコンポジットを開発し、Celstran LFRTと名付けて市販した。この製品は10 mm幅から25 mm幅の連続したテープ状のプリプレグで、生産方式は従来のプルトルージョン方式によるもので、それをカットせずに巻き取って製品としたものである。加工には、ワインディングやプレス成形が用いられる。ドイツのKelsterbachと米国のミネソタ州に生産工場を持ち、2008年には中国のNanjingでも生産を開始している[5)]。**写真3-6**は、Celstran PPGF40 02 LFRTを多用したPolaris Industries社のSportsman 700 Twin ATVで、そのフロン

写真3-5　長繊維GF40％入りPPコンポジットの射出成形でつくられたバンパー、フットレスト、荷物ラックが組み込まれた四輪駆動のオフロード車、Xplorer
（K'95にて、Hoechst社提供）

写真3-6　Ticona社のCelstran PPGF40 02 LFRTを多用したPolaris Industries社のSportsman 700 Twin ATV
（K2004にて、Ticona社提供）

トラック、リアラック、バンパー、荷物室、足回りにCelstran PPGF40 20 LFRTが使われている。採用された理由は、72℃〜−40℃の広範囲にわたって高い衝撃強度と曲げ強さ、および耐腐食性を有することと、大幅な軽量化が評価されたことによる[6)]。

もう一つの長繊維強化熱可塑性樹脂コンポジット（LFT）として登場したのがDSM社のStaMaxである。1992年2月、オランダのDSM社とガラスメーカーのOwens Corning社は合弁会社StaMax社を設立し、Owens Corning社が開発したTPCの新しい製造方法の特許をもとに、StaMaxの商品名で、独自のLFTを上市した[7)]。

StaMaxは射出成形、押出−圧縮成形など一般的に使われている熱可塑性プラスチック用の成形方法で成形可能な材料で、特にPPを使ったStaMax Pは、GMTよりも低コストでコストパフォーマンスに優れ、設計の自由度もより高いとして、自動車の構造体への応用が期待された。後に、DSM社がPP部門をSABIC社に売却したことにより、StaMaxもSABIC社に吸収された。

写真3–7は2002年型BMW Miniのフロントエンド・キャリアーで、StaMax P40YM240の射出成形でつくられている。また**写真3–8**は、StaMax P30YM240の射出成形でつくられたもので、近く量産車に採用される予定として、DSM社がK2001に展示した。当時LFTはドアモジュールには使われていなかったので、この分野へのLFTの採用は、新しい応用分野への進出として期待された。

写真3–7　StaMax P40YM240の射出成形でつくられた2002年型BMW Miniのフロントエンド・キャリアー（K2001にて、DSM社展示より）

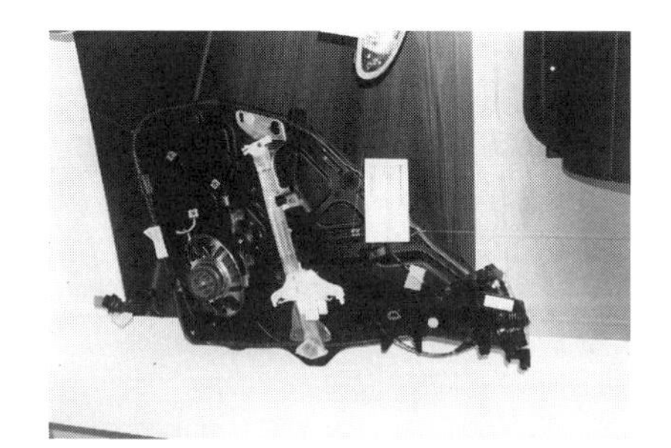

写真3–8　StaMax P30YM240の射出成形でつくられた量産車用のドアモジュールのプロトタイプ（K2001にて、DSM社展示より）

写真3-9 SABIC Innovative Plastics社のStaMax 40YM240製のフロントエンドモジュールを採用したsmart for four
（K2004にて、SABIC社展示より）

写真3-10 SABIC Innovative Plastics社のStaMax LFT製のアンダートレー他Noryl LFT（PPO/PA）、Xenoy（PC/PBT）などでつくられた多くの部品を採用したChery社のNew A3CCスポーツクーペ
（K2010にて、SABIC社展示より）

その後、DSM社がPP部門をSABIC社に売却した後、SABIC社は子会社のSABIC Innovative Plastics社を通じて、積極的にStaMaxの応用開発に力を入れている。同社はPeguform社と協同でsmart for four（**写真3-9**）のフロントエンド・モジュールを開発し、安全性の向上とともに大幅なコストダウンに成功した[8)]。その他、VW社やFord社などのドアモジュールやインスツルメントパネル・キャリアーなどにも採用され、2004年には生産能力を2系列3万5,000トン/年に引き上げている。また、**写真3-10**は、StaMax LFT製のアンダートレー他SABIC Innovative Plastics社のNoryl GTX（PPO/PA）、Xenoy（PC/PBT）などでつくられた多くの部品を組み込んだChery社のNew A3CCスポーツクーペで、K2010に展示されたものである[9)]。

3-3 Direct Long Fiber Thermoplastics Composite(D-LFT)

1）Direct Long Fiber Thermoplastics Compositeの概要[10)]

これらのGMTやLFTをより進化させた長繊維強化熱可塑性樹脂コンポジットとして登場したのがDirect in-line compounding Long Fiber Thermoplastic Composite（D-LFT）である。GMTもLFTも、成形に際しては熱可塑性プラスチック成分を過熱溶融してから金型で圧縮・冷却しなければならない。こ

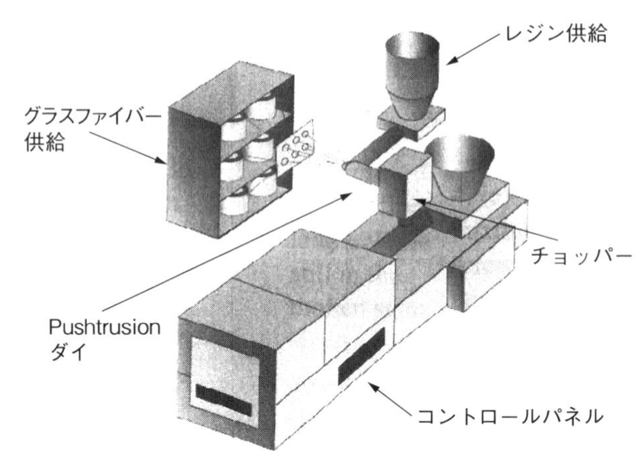

図3-2　PlastiComp社のPUSHTRUSIONの概略図

の工程はGMTやLFTでつくられる成形品のコストのかなりの部分を占めている。特にLFTでは、一度加熱溶融された熱可塑性プラスチックが冷却固化され、10～13 mmのストランドにカットされたものが、成形に際して再度加熱溶融されることによって二度の熱履歴を受けることになる。その結果、熱劣化による好ましくない性能の低下をもたらしている。

これらの問題点を改良するために開発されたのがD-LFTである。この方法では、ガラス繊維などの強化繊維に溶融した熱可塑性プラスチックを含浸したものを、直接成形機に供給して成形品をつくる。その際、プレス成形やトランスファーモールドなどのように、強化繊維を切断せずに連続した状態で成形する場合と、射出成形のように、強化繊維をある程度の長さに切断する場合とある。ほぼ、プレス成形、トランスファー成形、射出成形、異形押出成形、フィラメント･ワインディングなど、多様な成形方法に対応できる。**図3-2**は、射出-圧縮成形用として開発されたPlastiComp社のPUSHTRUSIONの概要である。

2）Volvo社とComposite Products社の共同開発[11]

D-LFTの開発は、1990年の前半から開始されていた。Composite Products社のRonald C. Hawleyは、1992年11月と1993年2月に相次いでD-FLTに関するU. S. Patentを取得している。同社は1991年からVolvo社と共同で、

D-LFT によるフロントエンドの開発に着手した。Volvo 社は当初、23 個のスチール製部品でつくられていたフロントエンド・モジュールを GMT の一体成形品に置き換えようと計画していた。そこで Composite Products 社は、D-FLT 製品が GMT 製品より優れていることを実証するために、同社の Advantage Technology を使ってフロントエンド・モジュールを成形し、要求されたテストを行った。その結果、ガラス繊維の分布の均一性、衝撃強度の向上、軽量化、表面仕上がりの向上、型締圧の低下と成形タイムの短縮、成形品間重量のばらつきの減少、オンラインでのリサイクルの容易さなどの利点が確認され、大幅なコスト削減が可能になることが明らかになった。このようにして、**写真 3-11** のような PP 系の D-LFT 製のフロントエンド・モジュールが、**写真 3-12** の Volvo 車に採用された。この成功から、Volvo 社では Volvo S70 のプラットフォームにも D-FLT を採用することになった。

写真 3-11 Composite Products 社の Advantage Technology でつくられた PP 系の D-LFT 製の Volvo 車のフロントエンド・モジュール
（Composite Products 社提供）

写真 3-12 Composite Products 社でつくられた PP 系の D-LFT 製のフロントエンド・モジュールを装置した Volvo 車
（Composite Products 社提供）

写真 3-13 Composite Products 社のインライン・コンパウンディング・ラインと 4,000 トンプレス成形機とを接続した成形設備
（SPI 2006 Plastics Parts Innnovation Conference にて、Composite Products 社提供）

写真3-13は、米国のMinnesota州WinonaにあるComposite Products社のインライン･コンパウンディング･ラインと4,000トンのプレス成形機を接続したD-LFT製の大型部品成形設備である。

3) Ford社のトラックのランニングボードへの応用[12)]

Composite Products社はDecoma International社と協同で、PP系のD-LFTによるランニングボードの開発に乗り出した。従来、トラックのランニングボードはスチール製のプレートに熱可塑性ゴムをオーバーモールドしたものを、スチール製の取付け腕木にねじ止めしてつくられていた（**図3-3**の左）。この製品をComposite Products社のAdvantage TechnologyによるPP系のD-LFTの一体成形品（図3-3の右）に置き換えようとするものである。

この開発では、Decoma International社が設計を担当し、Composite Products社は、強度を満足するためのガラス長繊維とPPの割合の選定、および製品の耐候性と従来品と同じ色合いを出すための配合剤の選定を担当した。

PP系のD-LFTでつくられたランニングボードは、コンポジットの密度がスチールの1/6ということもあって、車1台当たり30 lb（13.6 kg）もの軽量化をもたらした。そしてこのような軽量化にもかかわらず、耐荷重強度は従来のスチール製のものの2.5倍に向上した。さらに、変形も少ないなど、大幅な改良に成功した（**写真3-14**）。

このランニングボードは、車の外装部品の一部なので、外観上の美しさと同

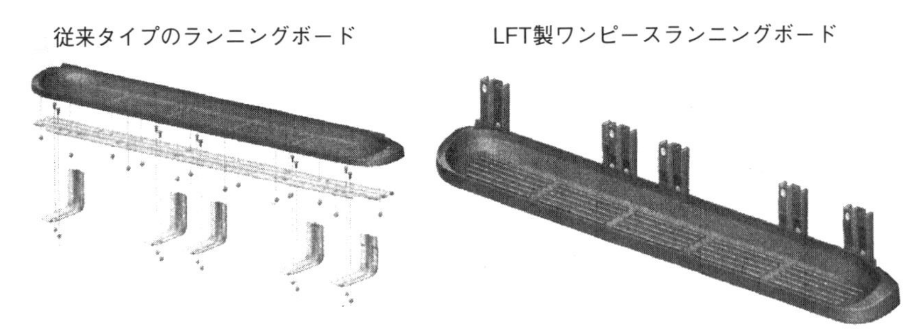

図3-3 従来タイプのランニングボード（左）とPP系のD-LFT製の一体成形のランニングボード
（Charles D. Weber他、SPI Structural Plastics 2004講演予稿集より）

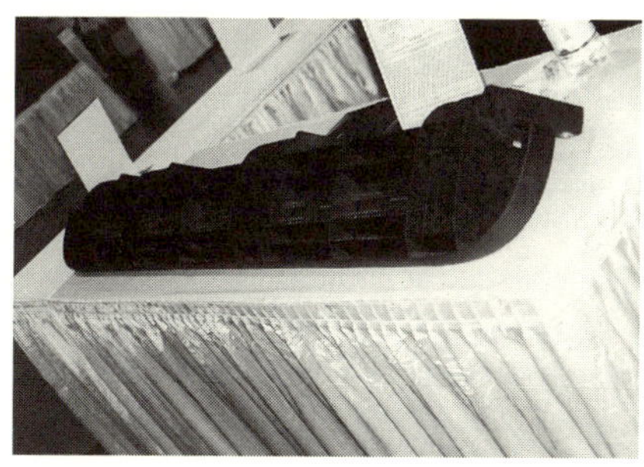

写真 3-14 Composite Products 社の Advantage Technology でつくられた PP 系の D-LFT 製の Ford F250/350 トラックのランニングボード（上表、右裏）（SPI Structural Plastics 2004 にて、Composite Products 社展示より）

時に耐紫外線安定性も要求される。この点に関して、PP 系の D-LFT では連続したガラス繊維の表面に溶融された樹脂が完全にコーティングされているので、ガラス繊維の浮き出しによる表面欠陥もなく、ガラス繊維の分散も均一で、美しい外観が得られる。耐紫外線性も従来品の熱可塑性ゴムより優れ、5 年間の屋外暴露でも変色は認められなかった。さらに、オイルや洗剤などの化学薬品に対する安定性も高いことが証明された。

Decoma International 社は、PP 系の D-LFT 製の一体成形ランニングボードを設計するに当たって、43 個の部品、すなわち、腕木、スチールワッフル、熱可塑性ゴムカバー、ボルト、ナット、エンドパッドなどを 1 個のランニングボードに集約した。それによって部品の購入が不要となり、組み立てのための人件費や道具を省くことができた。その結果、従来のスチール製のものより、1 個のランニングボードにつき 10 ドル以上のコスト削減に成功した。

さらに、この PP 系の D-LFT 製の一体成形ランニングボードは、従来のスチール製のものに対してだけでなく GMT や LFT に対してもコストメリットを生じている。GMT や LFT でも同じように一体成形のランニングボードをつくることはできる。しかし、GMT の場合は中間原料となるマットを、そして LFT ではペレットを、それぞれメーカーから購入しなければならない。加えて、成形に際しては再加熱が必要となる。D-LFT ではこれらの 2 つの工程

写真3-15　Composite Products社のPP系のD-LFT製ランニングボードを組み込んだFord F250トラック（Composite Products社提供）

写真3-16　Composite Products社のAdvantage Technologyでつくられたドア・サラウンドとヘッダーボウを組み込んだDimlerChrysler社のジープWrangler（Composite Products社提供）

を省くことができるのでその分コストダウンが可能になる。

Composite Products社は、このPP系のD-LFT製ランニングボードをFord社のF250/350（**写真3-15**）向けに量産し、さらにDecoma International社もComposite Products社からのライセンスを受けてAdvantage Processを導入し、Ford社のExplorer、Mountaineer、AviatorなどのSUVのランニングボードをPP系のD-LFTを使って製造している。

4）DimlerChrysler社のジープWranglerへの応用[13)]

DaimlerChrysler社のジープWrangler（**写真3-16**）は、Composite Products社のAdvantage Technologyでつくられた PP系D-LFT製のドア・サラウンド（**写真3-17**）とヘッダーボウ（**写真3-18**）を採用した。

ドア・サラウンドはBestop社によってComposite Products社のAdvantage TechnologyのCompression Transfer Moldingを使ってつくられた。このドア・サラウンドは防水性を必要とすることから、極めて高い寸法安定性と剛性が求められる。PP系D-LFT製のドア・サラウンドは、高圧水浸入テストに合格する寸法安定性と剛性を持つことが証明されている。さらに、この製品は外装品の一部分となるので、他の外装部品と同等の外観上の美しさを必要とし、加えて5年以上の耐褪色性も要求されるが、このPP系D-LFT製のドア・サラウンドはこれらの要求も満たしている。

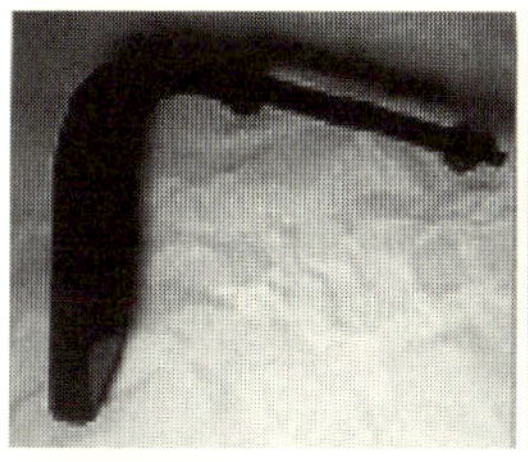

写真 3-17 Composite Products 社の Advantage Technology でつくられた PP 系 D-LFT 製のジープ Wrangler のドア・サラウンド
（Composite Products 社提供）

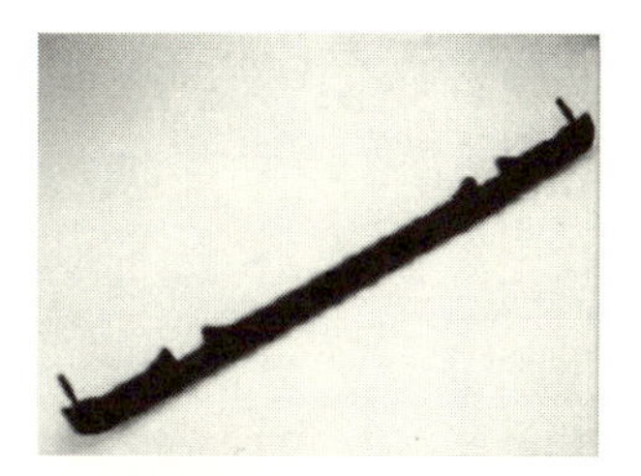

写真 3-18 Composite Products 社 の Advantage Technology でつくられた PP 系 D-LFT 製のジープ Wrangler のヘッダーボウ
（Composite Products 社提供）

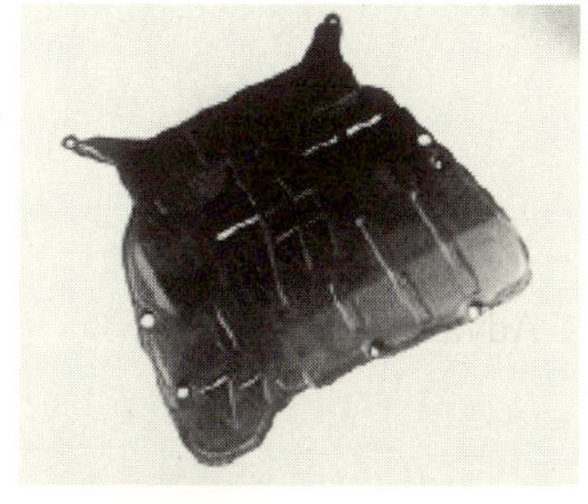

写真 3-19 Composite Products 社の PP 系 D-LFT でつくられた Volvo 車のアンダーボディ・シールド
（Composite Products 社提供）

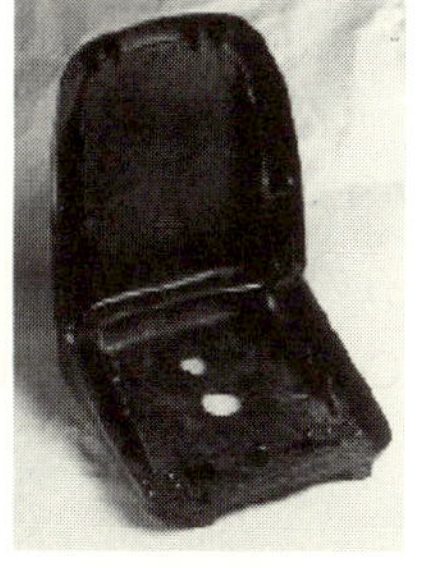

写真 3-20 Composite Products 社の PP 系 D-LFT でつくられた Milsco Industrial Seat 社のシートシェル（右）と完成したシート（左）
（Composite Products 社提供）

ヘッダーボウは、Decoma Kinetex 社と Composite Products 社の共同開発によって、PP 系 D-LFT でつくられた。従来はスチールロッドを発泡ポリウレタンの RIM で包んだハイブリッド製品が使われていたが、コスト高が欠点であった。新しい PP 系 D-LFT 製のヘッダーボウでは、従来使われていたスチールロッドの代わりにヘッダーボウの両端に短いスチール製のインサートを採用した。このスチールインサートと PP 系 D-LFT の相互作用で、従来品より強度が向上し、コストを 40 %削減することに成功した。

その他、Composite Products 社の PP 系 D-LFT 製品は、Volvo 車のアンダーボディ・シールド（**写真 3-19**）や、Milsco Industrial Seat 社のシートシェル

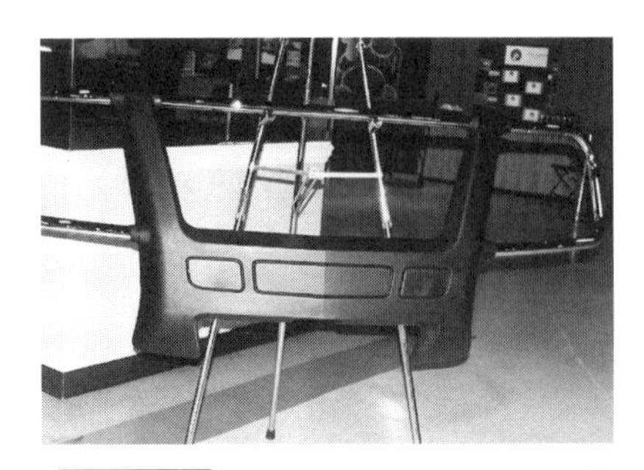

写真3-21 Composite Products社のPP系D-LFTでつくられたGM社のSUVのブラッシュグリルガード
(SPI APP2007にて、Composite Products社展示より)

写真3-22 Composite Products社のPP系D-LFTでつくられたブラッシュグリルガードを装着したGM社のSUV
(SPI APP2007にて、Composite Products社展示より)

（**写真3-20**）などに、従来のGMTに代わって採用され、コスト削減に貢献している。

5）GM社のSUVへの応用[14)]

Composite Products社のAdvantage Technologyを使ったPP系D-LFT製部品（**写真3-21**）は、GM社のSUVのブラッシュグリルガードにも採用された（**写真3-22**）。ブラッシュグリルガードはSUVやトラックのフロントエンドを保護し、フロントの外観を向上させるための部品として使われる。従来の製品は、金属チューブを加工した幾つかの部品を曲げたり、溶接、塗装したりしてつくられていた。今回採用された製品は、クロムメッキされたスチール製チューブと、PP系D-LFTとをAdvantage Technologyを使ってトランスファ-圧縮成形で一体成形されたものである。成形サイクルは僅か2分間で、成形コストは従来品に比べて50％以上削減することに成功した。このPP系D-LFT製品は、自動車業界で最初の応用例である。

6）農業機械への応用[15)]

D-LFTは農業機械部品にも普及している。**写真3-23**はJohn Deere Commercial Products社の中型トラクターで、そのインナールーフはGF30％入りのPP系D-LFTのトランスファ-圧縮成形でつくられている（**写真3-24**）。

写真3-23 Composite Products社のGF30％入りPP系D-LFTのトランスファー圧縮成形でつくられたインナールーフを組み込んだJohn Deere社の中型トラクター
（SPI 2006 PPICにて、Composite Products社展示より）

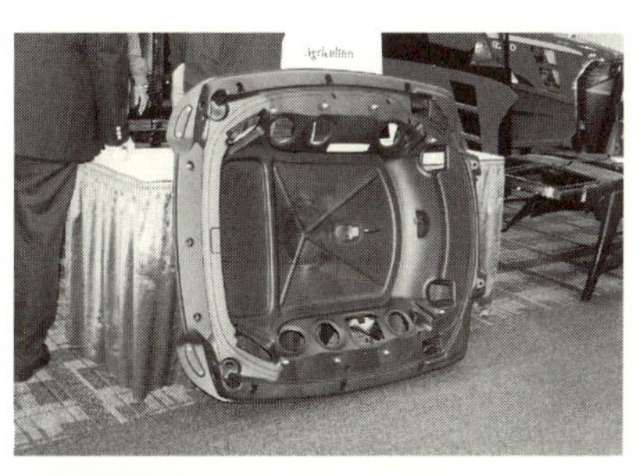

写真3-24 John Deere社の中型トラクターに組み込まれたComposite Products社のGF30％入りPP系D-LFTのトランスファー圧縮成形でつくられたインナールーフ
（SPI 2006 PPICにて、Composite Products社展示より）

写真3-25 John Deere社の中型トラクターのGF30％入りPP系D-LFT製インナールーフに空調用のコンデンサーを装着した状態
（SPI 2006 PPICにて、Darin Grinsteinner、他の講演予稿集より）

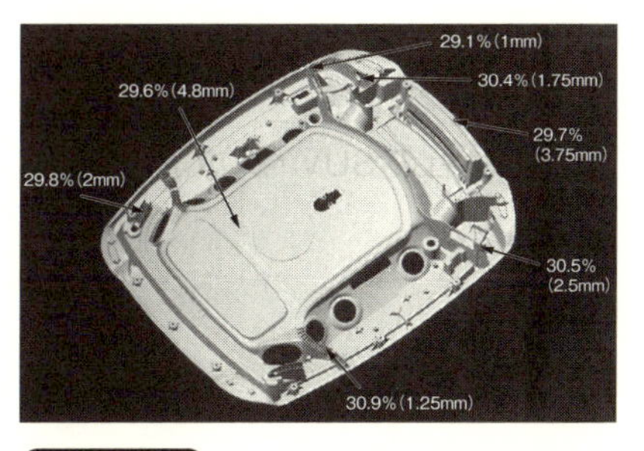

写真3-26 John Deere社の中型トラクターのGF30％入りPP系D-LFT製インナールーフにおけるガラス長繊維の分布状況とその部分の肉厚
（SPI 2006 PPICにて、Darin Grinsteinner、他の講演予稿集より）

このトラクターは、この大きさのものとしてはユニークな空調式のキャブを採用しており、その屋根のインナールーフには、空調設備、ラジオ、室内および室外用ライト、外装屋根、インテリアヘッドライナーなど、多くの部品が組み付けられ、運転席のバックボーンとなっている。**写真3-25**は、このインナールーフに空調用のコンデンサーを装着した状態を示すものである。このような目的から、このインナールーフには深いリブや薄肉のリブ、ファスナーやアタッチメントシステムなど多くの装置を取り付けるための構造が取り入れられている。このような複雑な形状でありながら、**写真3–26**に示すように1.0〜4.8 mmの肉厚に対して、29.1〜30.9 %という均一なガラス繊維の分布を示している[16)]。

また、このPP系D–LFTのトランスファ–圧縮成形では、ゲート部分も成形品の一部となるので、射出成形に必要なスプルー、ランナーを必要とせず、その結果約10 %の原料が節約された。さらに、従来のGMTに対して中間原料を省いている分、大幅なコストダウンになっている。このように、D–LFTはGMTに代わる新しい安価な成形材料として、自動車以外の分野でも使用例が広がっている。

7）PP/GF系LFTのオールプラスチックカーへの応用

サンゴバン・ブエトロテックス社（サンゴバン社と日本板硝子社との合弁会社）は、同社のガラス繊維を用いたPP系LFTを用いてつくられた多くの部品を自動車の形に組み立て、(株)GRPジャパンを通じて日本のIPF2005に展示した。このモデルでは、自動車の構造体のほとんどがPP/GF系のLFTで置き換えられる可能性のあることが示されていた（**写真3–27**）。

写真3–27　サンゴバン・ブエトロテックス社のPP/GF系LFTでつくられた部品で組み立てられた自動車のモデル（IPF2005にて、(株)GRPジャパン展示より）

未来のオールプラスチックカーとして、カーボン繊維強化プラスチックが有望な材料として注目されているが、その問題点はコストの高いことにある。それに比べて、ガラス繊維を用いたPP系ガラス長繊維コンポジットは、格段にコストが安い。したがって、未来のオールプラスチックカーを考える時に、その構造体のかなりの部分は、ガラス長繊維/PP系の熱可塑性樹脂コンポジットで構成し、どうしても強度の必要な構造体のみにカーボン繊維系のプラスチックコンポジットを使うことが、コストダウンの大きな要因の一つになると考えられる。

PP系に限らず、多くの高機能性樹脂を使った長繊維強化熱可塑性樹脂コンポジットが開発されてきており、着々と金属性部品の置き換えが進められている。それらの応用例については、各樹脂の項で取り上げて行くが、長繊維強化熱可塑性プラスチックは、これからの自動車部品用の材料として、ますます重要な地位を占めてくるものと思われる。

参考文献

1）舊橋章：多様化する長繊維強化熱可塑性樹脂コンポジット、工業材料、2002年8月号、p. 70～71
2）西岡宏之ほか：GMT技術の動向と展望、工業材料、2006年7月号、p. 37～41
3）舊橋章：K'92にみるプラスチック材料の最新動向、プラスチックスエージ、1993年3月号、p. 170～171
4）舊橋章：急成長するDirect in-line conpounded Long Fiber Thermoplastic Composite, D-LFT［1］、工業材料、2004年12月号、p. 99
5）舊橋章：Chinaplas 2008レポート、プラスチックスエージ、2008年8月号、p. 100～101
6）舊橋章：K2004レポート-Ⅰ、プラスチックスエージ、2005年2月号、p. 128～129
7）舊橋章：K2001レポート-Ⅱ、プラスチックスエージ、2002年3月号、p. 114
8）舊橋章：K2004レポート-Ⅰ、プラスチックスエージ、2005年2月号、p、128
9）舊橋章：K2001レポート-Ⅱ、プラスチックスエージ、2011年4月号、p. 90～91
10）Stephen T Bowen: “Pushtrusion”; Direct In-Line Compounding、SPI Structural Plastics 2004講演予稿集
11）舊橋章：急成長するDirect in-line compounded Long Fiber Thermoplastic Composite, D-LFT［Ⅱ］、工業材料、2005年1月号、p. 107～108

12) Charies D. Weberほか：One Piece D-LFT Automotive Runnig Boards、SPI Structural Plastics 2004講演予講集
13) 舊橋章：急成長するDirect in-line compounded Long Fiber Thermoplastic Composite, D-LFT［Ⅱ］、工業材料、2005年1月号、p. 110～111
14) 舊橋章：SPI APP 2007 Plastic Parts Innovations Conferenceレポート、プラスチックスエージ、2007年8月号、p. 103
15) 舊橋章：長繊維強化熱可塑性樹脂（D-LFT）によるトラクターキャブルーフの開発、工業材料、2007年1月号、p. 96～101
16) Darin Grinsteinnerほか：SPI 2006 Plastics Parts Innovation Connference講演予稿集

第4章

ポリスチレン系プラスチックと自動車部品への応用

4-1 ポリスチレン系プラスチックの種類と特長[1)]

ポリスチレン系プラスチックには、スチレンだけからつくられたポリスチレン・ホモポリマーと、SAN 樹脂のようなスチレンと他のモノマーとからつくられたコポリマー、さらに ABS 樹脂のようなスチレンの他に 2 種類のモノマーからつくられたターポリマーと呼ばれるものなど、多種類のプラスチックがある。

ポリスチレン系プラスチックは耐熱性は高くないが、熱安定性が良く、加工が容易で寸法精度が良く、外観にも優れている。酸やアルカリにも侵されず、加水分解されないので、日用品から工業用品まで幅広く使われている。

4-2 ポリスチレン・ホモポリマー

一般的に使われているポリスチレン・ホモポリマー（GP-PS）は、非結晶性のガラス質の透明なプラスチックで、価格が安く、成形加工性も良く外観も美しいので、家庭用の食器などの一般雑貨に使われている他、発泡ポリスチレンなどに広く使われている。反面、割れやすく、ガラス転移点と呼ばれる溶融温度も 100 ℃前後と低いため、自動車部品にはほとんど使われていない。

割れやすいという欠点を改良するために、ポリスチレン・ホモポリマーにゴム成分を 5～20 %配合したものが、ハイインパクト・ポリスチレン（HI-PS）やメディアムインパクト・ポリスチレン（MI-PS）と呼ばれるもので、家電製品などに広く使われている。これらも自動車部品としてはほとんど使われていない。

これに対して、同じポリスチレン・ホモポリマーでも、1985 年に出光興産

(株)がメタロセン触媒を使って開発したシンジオタクチック・ポリスチレン(SPS)は、比重1.01の結晶性のプラスチックで、融点270℃、ガラス転移点100℃の耐熱性プラスチックである。一部の有機溶剤により膨潤する以外は耐薬品性に優れ、電気特性にも優れており、加工性も良く寸法精度も良いので精密成形にも向いており、いわゆるスーパーエンジニアリングプラスチック(スーパーエンプラ)の仲間に入るプラスチックである。このような特性から、SMT対応の電子部品、IT部品などへの応用が進められており、使用量が増えて価格が下がれば、電気自動車や自動運転自動車の部品などへの応用が進むと期待される。

4-3 ポリスチレン・コポリマー

スチレンと他のモノマーとのコポリマーは、スチレン以外の構成成分によりその特性が大幅に変わり、自動車部品としても多くの使用例がある。

1) スチレン・アクリロニトリル・コポリマー(SAN または AS 樹脂)

スチレンとアクリロニトリルとのコポリマーはSANと呼ばれ、日本ではAS樹脂として知られている。透明で非結晶性の樹脂で、PSの機械的強度、耐熱性、耐溶剤性、耐化学薬品性、耐ESC性、耐候性、表面強度などが改良されている。自動車用途としては、バッテリーケースなどに使用されている。

2) スチレン・無水マレイン酸・コポリマー(SMA)

スチレンと無水マレイン酸とのコポリマーは非結晶性のプラスチックでSMAと呼ばれ、日本ではダイラークの商品名で販売されている。GP-PSよりも耐熱性や耐衝撃性が改良され、特にガラス繊維強化グレードは高い剛性と125℃までの耐熱性を持ち、インスツルメントパネル・キャリアーなどに使われている。

写真4-1はDSM社のGF入りゴム変性SMA Ronfaloy SでつくられたLancia向けのインスツルメントパネル・キャリアーである。DSM社によるとPP製に比べて、剛性、耐熱性、寸法安定性などが向上している。材料費はPP

写真 4-1 GF入りゴム変性スチレン・無水マレイン酸コポリマーRonfaloy Sでつくられた Lancia向けのインスツルメントパネル・キャリアー
（K'95にて、DSM社提供）

写真 4-2 スチレン・無水マレイン酸コポリマー（SMA）のガスアシスト射出成形でつくられた Ford社向けのスチール製補強材なしのインスツルメントパネル・キャリアー
（SPI・SP'98にて、Visteon Automotive Systems社展示より）

より高くなるが、薄肉成形性と軽量化などから、トータルコストはPP系のものと同じになるという[2)]。

また、**写真 4-2** は Visteon Automotive Systems社が、Ford社向けにSMAのガスアシスト射出成形により開発したインスツルメントパネル・キャリアーである。これまでのインスツルメントパネル・キャリアーは、十分な剛性がないためスチール製の補強材を入れて変形を防いでいたが、ガス・アシスト射出成形のガスチャンネルを補強リブとして利用することによって、スチール製補強材なしで、十分な剛性を与えることができた。このインスツルメントパネル・キャリアーは、当時スチール製補強材入りの製品を置き換えて商業生産された、初めてのガスアシスト射出成形でつくられたインスツルメントパネル・キャリアーである[3)]。

Bayer社はSMA/ABSブレンド樹脂Cadonを開発し、インスツルメントパネルに応用している。**写真 4-3** はSMA/ABSブレンド樹脂の射出成形による一体成形のインスツルメントパネル・キャリアーを組み込んだNew Rover 75のダッシュボードである。このダッシュボードの表面はBayer社のBayfill PURフォームで覆われている。この車のエンジンカバーやウインドウフレーム・フィニッシャーにはDurethan PAが、ステアリングカム・カウエルやエア

写真 4-3　Bayer 社の SMA/ABS ブレンド樹脂 Cadon の射出成形による一体成形のインスツルメントパネル・キャリアーを組み込んだ New Rover 75 のダッシュボード（Interplas'99 にて、PRW 社提供）

ーベントなど多くのインテリア部品には PA/ABS ブレンド樹脂 Triax が使われるなど、Bayer 社のプラスチックが 65 kg も使われている。車全体に使われているプラスチック製部品は 250 kg に達している[4]。

3）アクリロニトリル・ブタジエン・スチレン（ABS）樹脂[5]

ABS 樹脂は、アクリロニトリルとブタジエンとスチレンの３種類のモノマーからつくられた３元共重合体（ターポリマー）で、ポリスチレン（PS）の剛性、電気特性、耐熱劣化性、表面特性などの特性を生かしながら、ポリブタジエンゴム（BR）により耐衝撃性を与え、ポリアクリロニトリル（PAN）により耐熱性、耐溶剤性を与えたバランスの良い特性を持ったプラスチックである。

したがって、一口に ABS 樹脂と言っても、それぞれの成分の含量によってかなりの特性の違いがある。さらに、その製法も SAN とニトリルラバー（NBR）とをブレンドするブレンド法、BR にスチレンとアクリロニトリルをグラフト重合するグラフト法、グラフト法でつくられた ABS グラフトポリマーに SAN をブレンドするグラフト・ブレンド法などがあるので、同じ成分量でもその製造方法によって加工性や実用特性にも微妙な差がある。したがって樹脂メーカーやグレードの違いには、十分な注意が必要である。

ABS樹脂は、比重1.04～1.06の非結晶性プラスチックで、ガラス転移点は80～125℃までの幅広いグレードがある。実用耐熱温度は、耐熱グレードで105℃、超耐熱グレードで120℃程度にまで達するものもあるが、耐熱性は自動車用にはやや不足している。成形性は射出成形、押出成形、ブロー成形、熱成形など多様な成形方法に適応でき、外観の美しい寸法精度の良い製品が得られる。

反面、有機溶剤には弱く、耐ESC性も劣る。そして最大の欠点は紫外線や酸化劣化に弱く、耐候性が劣ることである。その対策としては、カーボンブラックを配合したり、表面を塗装したりして紫外線などから保護する方法が取られている。その基本的な要因は、その成分の一つであるポリブタジエン成分の耐候性の低さにあり、ブタジエン成分を耐候性の良いエチレン·プロピレン·ラバー（EPR）やアクリルゴムなどに代えることで、AES樹脂やASA樹脂のような耐候性の良いプラスチックが開発されている。

ABS樹脂は、他の熱可塑性プラスチックとの相溶性が良く、Bayer社のABS/PCブレンド樹脂Bayblendは、自動車の外板用に古くから使われている。その他、ABS/PAブレンド樹脂やABS/PBTブレンド樹脂などが自動車部品用として開発されている。

(1) 押出ブロー成形による応用

ABS樹脂は押出ブロー成形に適しているので、中小ロット生産の大型部品の製造に用いられる。

写真4-4は、Navista International Transportation社の大型トラックでそのバンパーは、当時のBorg-Warner社の特殊ABS樹脂Cycolac LXBのブロー成形でつくられている[6]。このバンパーの成形に使われたブロー成形法は、二重壁ブロー成形法[7]と呼ばれる特殊なブロー成形法で、押出機の先端に取り付けられたダイスから押し出されたパリソン（筒状の溶融した樹脂）の底部を2本のバーで挟んで融着させ、吹き込みピンから一定量の空気を吹き込み、風船のような有底パリソンをつくり、その後金型を閉じることによって、パリソン内の空気を吹き込み、ピンから逆流させながら容器を潰した形状の、外壁が2重になった成形品を得る方法である。

写真4-4　Borg-Warner社の特殊ABS樹脂Cycolac LXBの二重壁ブロー成形でつくられたバンパーを装着したNavista International Transportation社の大型トラック（NPE'88にて、Borg-Warner社展示より）

(2) 射出成形による応用

射出成形に最も適したプラスチックの一つで、特に大量生産の部品の製造に適している。さらに、ガスアシスト射出成形の発達により、従来ブロー成形でつくられていた部品の大量生産にも使われるようになった。

1998年3月に発売されたVW社のnew beetle（**写真4-5**）には、Bayer社のABS樹脂Lustranの射出成形でつくられたグローブボックスやセンターコンソールが採用されている[8]。

ガスアシスト射出成形法[9]の発達によって、二重壁ブロー成形よりも表面特性に優れた成形法が開発され、自動車部品に応用されるようになった。**写真4-6**は、ABS樹脂を使ったガス・アシスト射出成形の一種Structural Web法を使ってHorizon Plastics社によって成形された2002 Expedition Spoiler U22で、Ford社のSUVの4種のシリーズの第4番目の2002 Expeditionシリーズに使われた。Structural Web法は、低圧成形で、アルミニウム製の金型が用いられ、1回の成形で4個のスポラーを成形することができ、不均一な肉厚製品にもかかわらず、簡単な塗装でクラスAの表面特性が得られている[10]。

写真 4-5　Bayer 社の ABS 樹脂 Lustran でつくられたグローブボックスやセンターコンソールが組み込まれた VW 社の new beetle
（NPE2000 にて、Bayer 社展示より）

写真 4-6　ABS 樹脂のガスアシスト射出成形（Structural Web 法）でつくられた Horizon Plastics 社の Ford SUV 向けの 2002 Expedition Soiler U22
（SPI Structural Plastics 2002 にて、Horizon Plastics 社展示より）

（3）熱成形による応用

ABS 樹脂製のシートは、真空成形や圧縮成形などの熱成形に最適の材料の一つである。熱成形は大型部品の少量生産に適することから、トラックやロンドンタクシーなど小ロット生産の車両の部品に用いられてきた[11)]。

写真 4-7 は ABS 樹脂製シートの熱成形でつくられたトラックローリーのバックシートで、Linecross Thermoplastics 社でつくられたものである[12)]。また

写真 4-7　ABS 樹脂製シートの熱成形でつくられたトラックローリーのバックシート
（Interplas'99 にて、Linecross Thermoplastics 社展示より）

写真 4-8　ABS 樹脂製シートの熱成形部品を多数組み込んだ大型 ERF トラック Olympic SP5A の運転席
（Interplas'96 にて、Linecross Thermoplastics 社展示より）

写真 4-8 は ABS 樹脂製シートの熱成形品など多くの熱成形部品を採用した大型の ERF トラック Olympic SP5A の運転席である[12)]。

さらに、London Taxis International 社の '98 年型モデル（**写真 4-9**）には、160 個もの ABS 樹脂などの熱成形部品が組み込まれ、1 週間 80 台のペースで生産されていた[13)]。

ABS樹脂は耐候性が劣るので、表面塗装などで耐候性を付与する必要がある。その欠点を改良するために耐候性の良い PMMA などと共押出成形したシートが開発されている。シートメーカーのSENOPLAST社は、自動車外装用として、PMMA/ABS 樹脂共押出シート SENOSAN AM50 Solar を開発し、2004 年からその熱成形外装部品が Aixan mini car（**写真 4-10**）や Linger ミニカーに採用され、さらにキャンピングカーや農業機械にも使用例が拡大しているという。加えて、同社は TPU/ABS 樹脂共押出シート SANOSAN A50 EG Softfeel を

写真 4-9　ABS 樹脂製シートの熱成形品 160 個が組み込まれた London Taxis International 社の '98 年型モデル（Interplas'99 にて、Linecross Termoplastics 社展示より）

写真 4-10　SENOPLAST 社の PMMA/ABS 樹脂共押出成形シート SENOSAN AM50 Solar の熱成形部品を外装に採用した Aixan ミニカー（K2007 にて、SENOPLAST 社提供）

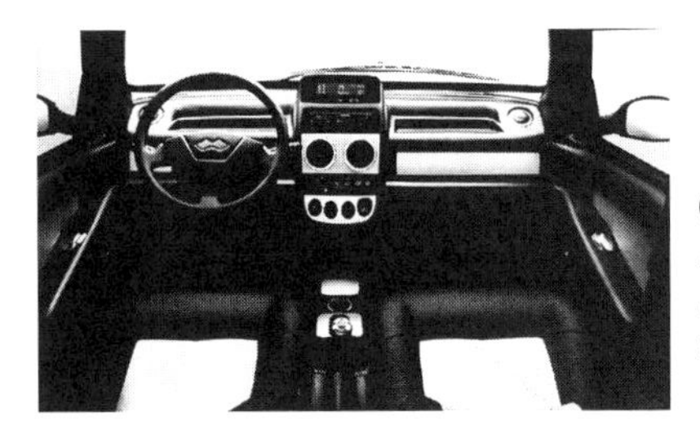

写真 4-11　SENOPLAST 社の TPU/ABS 樹脂共押出成形シート SANOSAN A50 EG Softfeel の熱成形品を内装部品に採用した Lingior ミニカー（K2007 にて、SENOPLAST 社提供）

開発し、Ligierミニカーの内装部品として使われ（**写真4-11**）、黒色のソフトな触感が好評という[14]。

4）ASA樹脂（AAS樹脂）

ASA樹脂はABS樹脂のブタジエン成分の代わりにアクリル酸メチルを用いたもので、ポリアクリル酸メチルがゴム成分としてポリブタジエンゴムの代わりとなる。したがって、ポリブタジエンからくる不飽和結合がなくなり、耐候性と耐熱劣化性が大幅に改良されている。それによって塗装せずに原料着色だけで自動車の外装部品やレジャーボートのデッキなど、屋外の太陽光に直接さらされる用途にも使用することができるようになった[15]。

写真4-12は、SABIC Innovation Plastics社の高流動性ASA樹脂Geloy XTWでつくられた2個のフロントロッカーパネルと2個のリアロッカーパネルを組み込んだ電気自動車-POLARISである。これらの部品はいずれも無塗装で、原料着色樹脂の射出成形でつくられている。この高流動性ASA樹脂は安定剤なしで5~7年の耐候性を持ち、着色性に優れ、耐スクラッチ性が高く、寸法安定性にも優れている[16]。

写真4-12 SABIC Innovation Plastics社の高流動性ASA樹脂Geloy XTWでつくられた2個のフロントロッカーパネルと2個のリアロッカーパネルを組み込んだ電気自動車-POLARIS
（NPE2012にて、SABIC社展示より）

写真 4–13 BASF 社の ASA 樹脂 Luran S778TUN のメタリック系着色剤による原料着色で成形された Audi 社のラジエーターグリル
（NPE'97 にて、BASF 社展示より）

ASA 樹脂の自動車外装部品への応用は比較的古く、1994 年には BASF 社が NPE'94 で、Chrysler 社の小型車 NEON に同社の ASA 樹脂 Luran S でつくられたカウエルベントグリル（P–8 項、写真 P–20 参照）が採用されたとして NPE'97 で公開している[17)]。さらに NPE'97 では、塗装なしでメタリック系着色剤による原料着色 ASA 樹脂で射出成形された Audi 社のラジエーターグリル（**写真 4–13**）を展示した。メタリック系原料着色樹脂では、成形品にウエルドマークが出やすい欠点があるが、この製品にはその欠点が出ていないということで、画期的な材料として注目された[18)]。

写真 4–14 は、大型トラック DAF '95XF モデルのフロントで、このフロントのラジエーターグリル、ランプカバー、ウィンドウディフレクター、ステッププライニングは BASF 社の ASA 樹脂 Luran S 797S の射出成形品が、またドアエクステンションは同社の ASA/PC ブレンド樹脂 Luran S KR2846C の押出成形シートの熱成形品が使われている[19)]。

2005 年型 Ford Mustang では、BASF 社の Luran S778T の射出成形でつくられたグラスランリテーナー･アッセンブリーが、その優れた耐候性と強靭さから採用されている（**写真 4–15**）。それによって、従来の金属製品に比べて

写真 4-14　BASF 社の ASA 樹脂 Luran S797S の原料着色品でつくられたラジエーターグリル、ランプカバー、ウィンドウディフレクター、ステップライニングを採用した大型トラック DAF 95XF のフロント
（K'98 にて、BASF 社展示より）

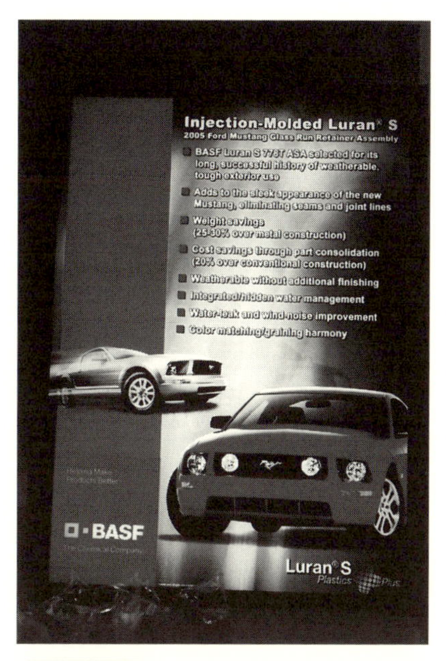

写真 4-15　BASF 社の ASA 樹脂 Luran S778T の射出成形でつくられたグラスランリテーナー・アッセンブリーを採用した 2005 年型 Ford Mustang
（NPE2006 にて、BASF 社展示より）

25〜30 %の軽量化と、部品の集約により 20 %のコストダウンを達成している[20]。

Bayer 社も ASA 樹脂 Centrex の超耐候グレードを開発し、自動車のカウエルベントグリルなどの外装部品やレジャーボートの部品などに使われている。

写真 4-16 は、Bayer 社の超耐候性 ASA 樹脂 Centrex 815 の原料着色品の射出成形でつくられたウォータークラフトのミラーハウジングで、塗装なしでも高い光沢を有し、2,000 時間の紫外線照射でも、変色は 1 %以下という耐候性を保っている[21]。

ASA 樹脂の耐候性の良さを生かして、原料着色により塗装工程を省こうとする動きも活発になった。BASF 社は K'98 で、Paintless Film Molding

写真4-16　Bayer社の超耐候性ASA樹脂Centrex 815の原料着色品の射出成形でつくられたウォータークラフトのミラーハウジング
（NPE'97にて、Bayer社提供）

写真4-17　BASF社のPaintless Film Molding Systemでつくられた Benz Aクラスのリアフェンダーとリアスポイラー
（K2001にて、BASF社展示より）

System（PFM System）と名付けた無塗装技術を公開した。このシステムでは、ASA樹脂より耐候性の良い透明なPMMAを表面層とし、ASA樹脂またはASA/PCブレンド樹脂の着色品を内面層とした、厚さ1 mmの共押出シートを作成する。この着色されたASA樹脂やASA/PCブレンド樹脂層は塗装膜の役割をし、PMMAはクリアコートの役割をする。このシートは、成形前に製品の形に熱成形され、その後製品の金型に入れられてバックモールドされる。金型から取り出された製品は、塗装仕上げされたと同じ完成品となっている[22)]。

BASF社は、PFM Systemが更に改良されてBenz Aクラスのリアフェンダーとリアスポイラーに採用されたとして、K'2001で公開展示した（**写真4-17**）。この改良法では、表面層に薄い透明のPMMA層、中間層にPMMAの着色層、キャリアー層としてASA樹脂層の3層からなる約1 mm厚の共押出シートを作成し、それを外装部品の形状に熱成形して射出成形用の金型に入れた後、本体となるGF強化プラスチックをバックモールドして完成品とする。

特に今回改良された点は、バックモールド用として従来考えられていた熱可塑性プラスチックに加えて、ガラス繊維などで強化された熱可塑性樹脂コンパウンド（FRTP）が使えるようになったことである。FRTPは、外装材として十分な剛性や強度は保持しているが、表面特性が劣り、塗装してもクラスAの表面特性が得られないため、外装材としては使えなかった。しかし、このPFM Systemを使うことによって、FRTPの優れた特性や耐衝撃性を持ったクラスＡの表面特性の外装部品をつくることができるようになった[23]。

一方、成形機メーカーのKraus Maffei社はガラス繊維と熱可塑性プラスチックとを押出機で混練しながら射出成形機に供給し、前記のPFM Systemを適用する装置を開発し、IMC Injection Molding Compounderと名付けてK 2001の会場で実演していた[23]。

GE Plastics社も耐候性の良いASA樹脂系のSolexフィルムやシートを開発し、インモールドコーティングやバックモールドで自動車部品としてクラスＡの表面が得られるとして、外装部品の無塗装化を進めていた[23]。

ASA樹脂は、単体では外装材としてはコスト高や熱成形性がやや劣るなどの問題があるので、それを解決するために、Bayer社はベースにABS樹脂Lustran 1152、表面にASA樹脂Centrex 825を使った共押出成形による２層シートを開発し、熱成形による大型製品の応用開発を進めてきた。**写真4-18**は、Bayer社のASA/ABS樹脂の共押出成形２層シートの熱成形外装部品を組み込んだCoachmen Recreational Vehicle社のRV、Future 2000である。ASA/ABS樹脂の共押出成形２層シートの熱成形部品は、前後の外装パネルと底部パネルに使用されている。また**写真4-19**は、Bayer社のASA樹脂Centrex 825とABS樹脂Lustran 752の共押出成形２層シートの熱成形外装部品を採用したLet's Go Aero社のSport Performance Trailerで、自転車や釣り道具などを入れて、RVの後ろに牽引する車として使われる[24]。

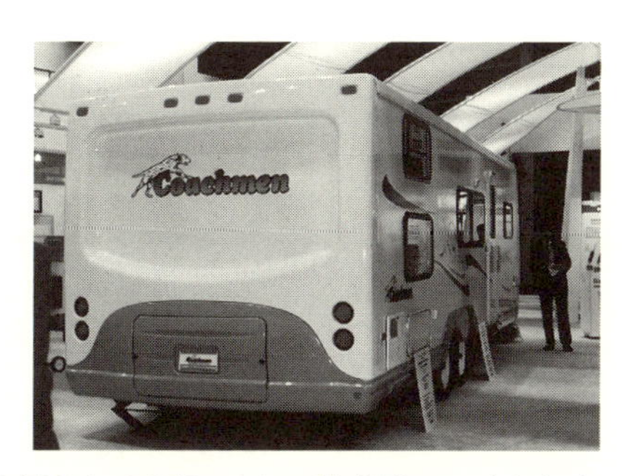

写真 4-18 Bayer社のASA/ABS樹脂共押出し２層シートの熱成形でつくられた外装部品を装着したCoachmen Recreational Vricle社のRV Future 2000（NPE2000にて、Bayer社展示より）

写真 4-19　Bayer 社の ASA/ABS 樹脂共押出２層シートの熱成形でつくられた Let's Go Aero 社の Sport Performance Trailer
（NPE2000 にて、Bayer 社展示より）

写真 4-20　Bayer 社の ASA/AES ブレンド樹脂 Centrex 833 と ABS 樹脂 Lustran 752 との共押出シートの熱成形で一体成形されたデッキを組み込んだ EL DeBo
（NPE'97 にて、Bayer 社展示より）

さらに、Bayer 社の Centrex 833 は、ASA 樹脂と AES 樹脂とのブレンド樹脂で、Centrex 825 と同様に耐候性に優れている上に、高強度、高光沢性を特長としている。**写真 4-20** は、ASA/AES ブレンド樹脂 Centrex 833 と ABS 樹脂 Lustran 752L との共押出２層シートの熱成形で一体成形でつくられたデッキが組み込まれているレジャーボート EL DeBo で、このデッキは優れた耐候性を有し、レジャーボートに必要とされる色調や特性の劣化の対して、十分に耐えられるという[25]。

一方 GE Plastics 社は、表面に ASA/PC ブレンド樹脂 Geloy を使い、ベースに ABS 樹脂 Cycolac を使った共押出２層シートを開発し、その熱成形により大型のレジャーボートの外装に採用されている。**写真 4-21** は、Genmer Holding 社の 2004 型 Four Winns 180 Horizon Family Boat で、長さ 18.4 フィ

写真 4-21　GE Plastics 社の ASA/PC ブレンド樹脂を表面に ABS 樹脂をベースとした共押出２層シートの熱成形でつくられた外装を組み込んだ Genmar Holding 社の 2004 年型 Four Winns 180 Horizon Family Boat
（NPE2003 にて、GE Plastics 社展示より）

ート、幅7.9フィートに達する大型製品である。その外装はGE Plastics社のASA/PCブレンド樹脂を表面に、ABS樹脂をベースとした共押出し2層シートの熱成形製品で組み立てられている。表面仕上げにはGenmer Holding社が開発したVirtual-Engineered-Composites（VEC）Shield Technologyが使われている。VECは従来のゲルコート表面仕上げが12時間を必要としたのに対し、僅か1時間以内で完成することができるという。耐候性や耐スクラッチ性も従来のゲルコートより勝れている。このASA/PCブレンド樹脂とABS樹脂の共押出2層シートはSpartecch社で成形されたものである[26]。

4-4　ABS/PCブレンド樹脂

ABS樹脂はガラス転移温度が80〜125℃と幅が広いが、超耐熱グレードと呼ばれるABS樹脂でも実用上は120℃が限界で、自動車部品としては耐熱性がやや低いのが欠点の一つとされる。そこでより耐熱性を向上させ、耐衝撃強度も向上させようとしてつくられたのがABS樹脂とポリカーボネート（PC）とのブレンド樹脂で、Bayer社によって開発され、Bayblendの名で発売された。

ポリカーボネート（PC）は非結晶性のプラスチックで、ガラス転移温度は150〜155℃を示し、非結晶性プラスチックの中では最高の耐衝撃性を有する。ABS樹脂と同様に非結晶性なのでABS樹脂と相容性が良く、ABS樹脂とブレンドすることによって、ABS樹脂の耐熱性、剛性、耐衝撃性などを改良し、一方PCの加工性、流動性、耐溶剤性などが改良されている。このような特性から、自動車などの外装部品の他、多くの自動車部品に採用されてきた[27]。

写真4-22はDow Chemical社のABS/PCブレンド樹脂Pulseでつくられたドア外板を採用したGM社のSaturnで、多くの熱可塑性プラスチックを採用したことにより、鋼板製の外板と違ってぶつかっても凹まないことや、軽量化などが特長として注目された[28]。

GE Plastics社は、ABS/PCブレンド樹脂に金属粉末を均一に混合するMagixと呼ばれるメタリック調のコンパウンドを開発し、二輪車のHarley Davidsonの外装部品に採用されている（**写真4-23**）。この種のコンパウンドでは射出成形品にウエルドが発生するのが欠点であったが、Magixではこの

写真4-22　ドア外板にDow Chemical社のABS/PCブレンド樹脂の射出成形品を採用したGM社のSaturn
(NPE'91にて、Dow Chemical社展示より)

写真4-23　Harley Davidsonの外装品に採用されたGE Plastics社のABS/PCブレンド樹脂のメタリック調コンパウンドMagixの射出成形部品
(Interplas'93にて、GE Plastics社展示より)

写真4-24　Dow Plastics社のABS/PCブレンド樹脂Pulse 830でつくられたGM社のBUICK Roadmasterのクロスカービーム/ダクト（上）とインスツルメントパネル・キャリアー
(NPE'94にて、Dow Plastics社展示より)

欠点が改良され、ウエルドの発生がなくなった[29]。

ABS/PCブレンド樹脂は、外装品以外にも利用されている。例えばDow Plastics社のABS/PCブレンド樹脂Pulse 830は、GM社のBUICK Roadmasterのクロスカービーム/ダクトやインスツルメントパネル・キャリアーに採用されている（**写真4-24**）。ABS/PCブレンド樹脂は、当時のPP系コンパウンドに比べて、剛性が高く金属補強材の使用が省け、加工性が良いので、リブ補強を多用することができるため、軽量化とコストダウン、さらにリサイクル性の向上に役立つとして利用された[30]。また、GE Plastics社のABS/PCブレンド樹脂Cycoloy C1100HFもGM社やRover社のインスツルメントパネルに採用されている[31]。

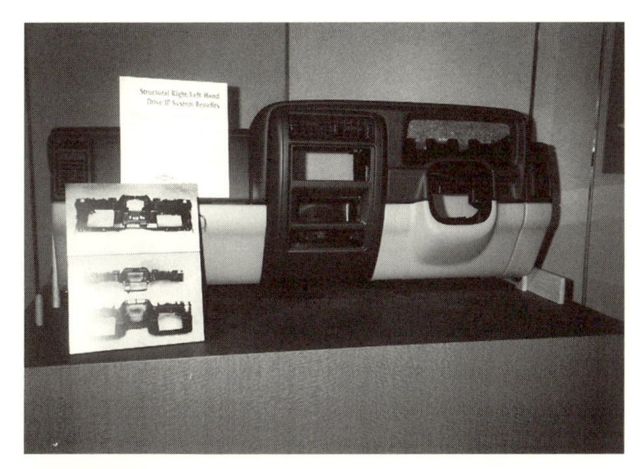

写真 4-25　左右ハンドルに対応するためにインスツルメントパネル・キャリアーを上下に分け、振動融着で接合してつくられたジープ Cherokee のインスツルメントパネル。材料は Dow Plastics 社の ABS/PC ブレンド樹脂 Pulse を使用
（NPE'97 にて、Dow Chemical 社展示より）

Chrysler 社は 1997 年型ジープ Cherokee のインスツルメントパネル（**写真 4-25**）のキャリアーに、Dow Plastics 社の ABS/PC ブレンド樹脂 Pulse の射出成形品 2 個を振動融着で接合してつくられたインスツルメントパネルを採用している。これは左右両ハンドルに適用することができるようにするため、インスツルメントパネル・キャリアーを上下の 2 つに分け、下部を共通にして、上部を右ハンドルと左ハンドル用につくり、この上下を組み合わせることによって、右ハンドルと左ハンドルに対応させたものである[32]。

その後、PP 系のコンパウンドのガス・アシスト射出成形や長繊維強化 PP コンポジットなどの開発により、ABS/PC ブレンド樹脂の優位性はやや後退した。そこで、Bayer MaterialScience 社は Baybend の改良を重ね、高い剛性、高い強度、高い耐衝撃性を持つ高流動性の ABS/PC ブレンド樹脂 Bayblend DP T88 GF-10 と、同 GF-20 を開発した。これらは、従来の同等品に比べて流動性が 30～40 %も高く、剛性も 25～30 %高くなっていることから、インスツルメントパネルのような複雑で大型の製品の薄肉化や成形サイクルの短縮などによるコストダウンに寄与すると強調している[33]。

同社はさらに超流動性の Bayblend T65XF と同 T85XF を開発し、K2007 でその応用製品を公開した。XF は Xtreme Flow の略で、これらのグレードは従来の高流動性グレードに比べて更に 10～15 %流動性が高く、低温衝撃強度も大幅に良くなっているという。最大の応用分野は、高温特性や低温特性を必要とする内装部品で、例えばエアーバックフラップエリアやニーインパクトゾーンの安全部品などである。**写真 4-26** は、Bayblend T85XF でつくられた 2008 年型 Chrysler 300C のインスツルメントパネルで、超流動性による薄肉設計が取り入れられている。

熱硬化性の SMC に代わる新しい ABS/PC ブレンド樹脂も開発されている。Bayer MaterialScience 社は自動車のボディ部品用として、SMC に代わる ABS/PC ブレンド樹脂を開発し、K2007 でその詳細を公開した。Bayblend DP T90 MF-20 と同 DP T95 MF で、優れた強靭さと耐熱性、低い線膨張係数、高い流動性を特徴としている[34]。

特に Bayblend DP T95 MF は、耐熱温度 142 ℃を示し、アイゾット衝撃強度は 150 KJ/m^2 に達し、GF 強化グレードより優れた強靭さを有する。これらの特性から、smart for two の PC 製の大きなグレージングルーフのモジュールとして使われている（**写真 4-27**）。この PC 製グレージングルーフと ABS/

写真 4-26　Bayer MaterialScience 社の超高流動性 ABS/PC ブレンド樹脂 Bayblend T85XF でつくられた 2008 年型 Chrysler 300C のインスツルメントパネル
（K2007 にて、Bayer MaterialScience 社展示より）

写真 4-27　Bayer MaterialScience 社の ABS/PC ブレンド樹脂 Bayblend DP T95 MF 製のモジュールと PC 製グレージングルーフとをツーショット射出成形で一体成形された smart for two のルーフモジュール
（K2007 にて、Bayer MaterialScience 社提供）

PC ブレンド樹脂製モジュールは、ツーショット射出成形で一体成形され、1 m^2 以上の製品にもかかわらず、成形ストレスやひずみの極めて少ない製品が得られている。その他、オフライン塗装のフェンダーやバンパーなどへの応用が期待されている。

Bayblend DP T90 MF−20 の特徴は、優れた流動性と極めて低い等方性の線膨張係数にあり、0.4×10^{-14}/k という値は無機質充填グレードに匹敵する値である。DP T95MF より 50 %以上もの流動性の向上から、より大型で、複雑な形状の部品への応用が期待されている。

一方、SABIC Innovative Plastics 社は、射出成形のインモールドコーティング技術を使って、ABS/PC ブレンド樹脂の大型成形品の表面特性の向上を図っている。**写真 4−28** は、SABIC Innovative Plastics 社の ABS/PC ブレンド樹脂 Cycoloy を使って、CK Technologies 社のインモールドコーティング射出成形でつくられた Volvo Trucks North America 社の 2013 年型の耐久性の優れたトラックのアッパールーフ･フェアリングで、ABS/PC ブレンド樹脂とインモールドコーティング技術との組み合わせによって、クラス A の表面特

写真 4−28　SABIC Innovation Plastics 社の ABS/PC ブレンド樹脂 Cycoloy を使って、CK Technologies 社のインモールドコーティング射出成形でつくられた Volvo Trucks North America 社の 2013 年型で耐久性の優れたトラックのアッパールーフ･フェアリング
（NPE2012 にて、SABIC 社展示より）

写真 4-29　Bayer 社の ABS/PC ブレンド樹脂 Bayblend KU 2-1469ET の押出ブロー成形によってつくられたアフターマーケット用のリアスポイラー
（K'92 にて、Bayer 社提供）

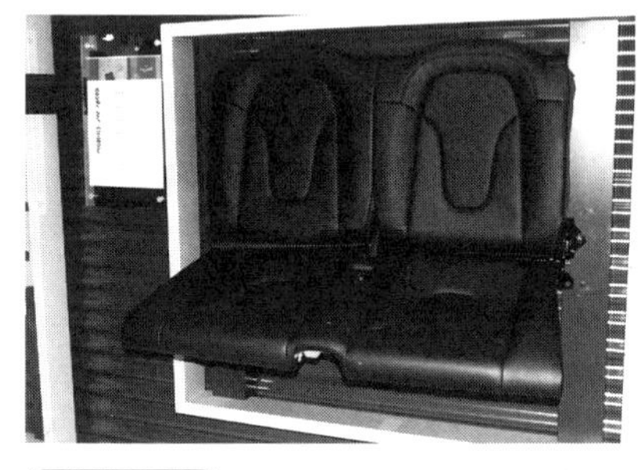

写真 4-30　Dow Automotive 社の ABS/PC ブレンド樹脂 Pulse 220BG のブロー成形でつくられたシートバックを組み込んだ 2007 年型 Audi TT 用座席シート
（K2007 にて、Dow Automotive 社展示より）

性を持った、耐衝撃性や熱安定性の高いルーフフェアリングの開発に成功している。このフェアリングは、熱硬化性プラスチック製品を置き換えたもので、製造エネルギーを削減し、リサイクル性を向上した上に、塗装工程を省くことによってコストの低減と VOC の発生を防止することにも役立っている[35)]。

ABS/PC ブレンド樹脂は、押出ブロー成形にも適しており、古くは押出ブロー成形によるリアスポイラーがつくられていた。**写真 4-29** は、Bayer 社が ABS/PC ブレンド樹脂 Bayblend KU 2-1469 ET の押出ブロー成形により開発した、アフターマーケット用のリアスポイラーである。

Dow Automotive 社は、自動車の座席シートの軽量化と安全性を目的として、同社の ABS/PC ブレンド樹脂 Pulse 220BG の押出ブロー成形によるシートバックを組み込んだ座席シートを開発し、新型の Audi TT に採用されたとして、K2007 で公開した（**写真 4-30**）。従来、シートバックは主としてスチールでつくられており、ECE17のような厳しいヨーロッパの安全規制に合格しなければならない。このブロー成形製シートバックを組み込んだ座席シートは、これらの規制に合格するだけでなく、1個のシートで、1.2 kgの軽量化に成功している。さらにデザインの自由度が大幅に改良され、座り心地が良くなり、金型コストの低減や製造期間も短くなるなどのメリットがある[36)]。

以上に紹介してきたように、ABS/PCブレンド樹脂は自動車部品への応用の歴史も古く、最近ではSMCに代わる用途にも使われるなど強度が向上し、加工性も改良されるなどしているので、大型で複雑な形状の部品への応用が期待される。

参考文献

1) 舊橋章：製品開発に役立つプラスチック材料入門、日刊工業新聞社、2005年9月30日発行、p. 59～71
2) 舊橋章：K '95レポート、プラスチックスエージ、1996年2月号、p. 135
3) 舊橋章：SPI Structural Pastics '98、設計技術に生かされる最適成形法、プラスチックスエージ、1998年8月号、p. 145
4) 舊橋章：Interplas '99レポート、プラスチックスエージ、2000年5月号、p. 132～133
5) 舊橋章：製品開発に役立つプラスチック材料入門、日刊工業新聞社、2005年9月30日発行、p. 66～71
6) 舊橋章：NPE '88にみる欧米のエンプラ開発の動向、プラスチックスエージ、1988年11月号、p. 228～229
7) 舊橋章：実践 高付加価値プラスチック成形法、日刊工業新聞社、2008年3月25日発行、p. 248～250
8) 舊橋章：NPE2000レポート、プラスチックスエージ、2000年10月号、p. 128～129
9) 舊橋章：実践 高付加価値プラスチック成形法、日刊工業新聞社、2008年3月25日発行、p. 73～141
10) 舊橋章：SPI Stractural Plastics 2002, 自動車からトラクターへ、超大型部品の実用化、プラスチックスエージ、2002年9月号、p. 118～119
11) 舊橋章：実践 高付加価値プラスチック成形法、日刊工業新聞社、2008年3月25日発行、p. 215～233
12) 舊橋章：Interplas '96レポート、プラスチックスエージ、1997年4月号、p. 143

〜145
13）舊橋章：Interplas '99 レポート、プラスチックスエージ、2000 年 5 月号、p. 133
14）舊橋章：K2007 レポートⅡ、プラスチックスエージ、2008 年 3 月号、p. 94
15）舊橋章：製品開発に役立つプラスチック材料入門、日刊工業新聞社、2005 年 9 月 30 日発行、p. 70
16）舊橋章：NPE2012 レポート(2)、プラスチックスエージ、2012 年 9 月号、p. 89
17）舊橋章：NPE '94 レポート、プラスチックスエージ、1994 年 9 月号、p. 133〜134
18）舊橋章：NPE '97 レポート、プラスチックスエージ、1997 年 10 月号、p. 135〜136
19）舊橋章：プラスチック開発海外情報 21、工業材料、1999 年 8 月号、p. 117〜118
20）舊橋章：NPE2006 レポート、プラスチックスエージ、2006 年 9 月号、p. 108
21）舊橋章：NPE '97 レポート、プラスチックエージ、1997 年 10 月号、p. 136
22）舊橋章：K '98 レポートⅠ、プラスチックエージ、1999 年 2 月号、p. 130
23）舊橋章：K '2001 レポートⅠ、プラスチックエージ、2002 年 2 月号、p. 110〜111
24）舊橋章：NPE2000 レポート、プラスチックスエージ、2000 年 10 月号、p. 127〜1218
25）舊橋章：NPE '97 レポート、プラスチックスエージ、1997 年 10 月号、p. 136
26）舊橋章：NPE2003 レポート、プラスチックスエージ、2003 年 10 月号、p. 101
27）舊橋章：製品開発に役立つプラスチック材料入門、日刊工業新聞社、2005 年 9 月 30 日発行、p. 69, p. 86
28）舊橋章：NPE91 レポート、プラスチックスエージ、1991 年 11 月号、p. 176〜177
29）舊橋章：ヨーロッパに於けるプラスチック製品開発動向、Interplas '93、プラスチックスエージ、1994 年 3 月号、p. 150
30）舊橋章：NPE94 レポート、プラスチックスエージ、1994 年 11 月号、p. 135
31）舊橋章：K '95 レポート、プラスチックスエージ、1996 年 2 月号、139
32）舊橋章：NPE '97 レポート、プラスチックスエージ、1997 年 10 月号、p. 139
33）舊橋章：K2007 レポート、プラスチックスエージ、2008 年 2 月号、p. 125
34）舊橋章：K2007 レポート、プラスチックスエージ、2008 年 2 月号、p. 126
35）舊橋章：NPE2012 レポート(2)、プラスチックスエージ、2012 年 9 月号、p. 88〜89
36）舊橋章：K2007 レポート-Ⅱ、プラスチックスエージ、2008 年 3 月号、p. 87〜88

第5章

熱可塑性ポリエステル系プラスチックと自動車部品への応用

5-1 熱可塑性ポリエステル系プラスチックの特長[1)]

熱可塑性ポリエステル系のプラスチックは、基本的には二価の有機脂肪酸と二価のアルコール、または二価のフェノールから水分子が取れる縮合重合（または重縮合）によってできたエステル結合でつながったポリマーからなるプラスチックである。したがって、水分子の存在下では、酸やアルカリ、またはスチームなどが存在すると、それらが触媒となってもとの有機脂肪酸とアルコールやフェノールなどへ分解される。いわゆる加水分解と言われる反応で、ポリエステル系プラスチックの基本的な特性で、酸やアルカリ、あるいはスチームなどの存在下では、使用が制限されることになる。さらに、成形加工時には、原料樹脂を十分に乾燥することが必須条件となる。

ポリフタル酸エステル系など、本来は結晶性のプラスチックが多いが、故意に非結晶性にしたポリアリレートや、炭酸エステル系のポリカーボネートなど非結晶性のプラスチックもある。特殊なグループとしては、液晶ポリマーと呼ばれるポリエステルもあり、これらは高温で溶融された時に、条件によっては結晶構造を示すポリマーである。

このグループはいわゆるエンジニアリングプラスチック（エンプラ）と呼ばれるプラスチックの仲間で、全体として耐熱性や強度が高く、耐候性や電気特性、耐溶剤性などに優れたものが多く、ガラス繊維などによる補強効果の高いのが特長である。反面、結晶性プラスチック特有の寸法精度が悪いという欠点もあるが、ポリカーボネートのような非結晶性のプラスチックや液晶ポリマーは、逆に優れた寸法精度を有するという特長がある。

5-2 ポリブチレン・テレフタレート（PBT）

ポリブチレン・テレフタレート（PBT）は、比重1.31の結晶性プラスチックで、結晶部分が溶ける融点は225～228℃、非結晶部分が溶けるガラス転移点は43～60℃を示す。実用上は、ガラス繊維や無機質フィラーなどとのコンパウンドとして使われ、無充填のポリマーの状態では使われることは少ない。フィラー入りグレードの実用上の耐熱温度は、長期使用可能な温度の目安となるUL746の温度指数Temperature Index（TI）で130～140℃に達する。強靭で電気特性にも優れ、耐溶剤性、耐ESC性、耐候性なども良好であるが、寸法精度が悪く、ヒケやソリが出やすいなどの欠点がある。したがって、PBTコンパウンドの自動車部品への応用は、スイッチ類やコネクター、イグニッションコイルのケースやボビンなどの電気部品が多い[2)]。

やや大型の部品としては、ヘッドランプの部品がある。**写真5-1**はPBTの射出成形でつくられたベーゼルを組み込んだ2007年型Chevrolet HHRのヘッドランプである。このヘッドランプは、DuPont Automotive社の新しい低コ

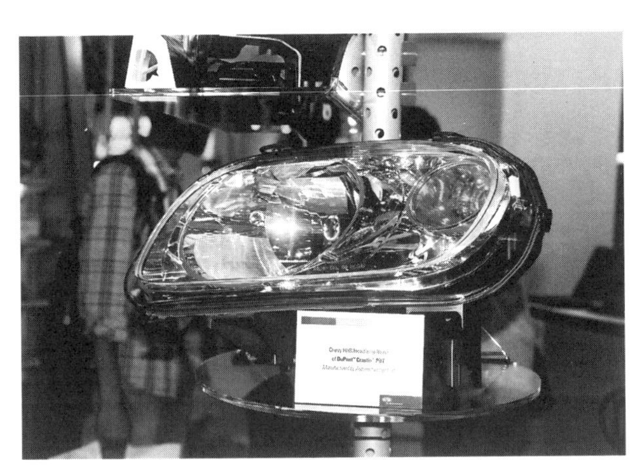

写真5-1 DuPont Enginering Plastics社のCrastin PBTの射出成形品に前処理なしで直接メッキしたベーゼルを組み込んだ2007年型Chevolet HHRのヘッドランプ（NPE2006にて、DuPont Engineering Polymers社展示より）

ストの製造技術が使われている。この技術では、同社が開発した新しいCrastin PBTの射出成形でつくられた製品に、前処理なしで直接メッキしてベーゼルとして完成させる。これによって従来の前処理を必要としたメッキ処理に比べて、40％ものコストダウンを達成している。この新しいPBTグレードは、従来品に比べて表面特性が改良され、150℃での寸法安定性も従来より良く、流動性も良いことから成形サイクルの短縮、デザインの自由度などが特長とされている[3]。このヘッドランプシステムは上記のChevrolet HHRの他、Ford Focus、Lincoln Navigator、BMW、Nissan Titan、Skoda Octaviaなどの2007年型車に採用されている。

写真5-2は、SUVやステーションワゴンなどの後部ウィンドウのワイパーのE・モーターのギアハウジングで、DSM Engineering Plastics社のGF30％入りPBT、Arnite TV8 260の射出成形でつくられている。従来使われていたダイキャストやシートメタルに比べて部品点数が少なく、コンパクトで組み立て時間を減らし、設計の自由度を大幅に増加させることができる。加えて、他の熱可塑性プラスチックに比べても成形サイクルが短く、材料も10〜13％節約できた[4]。

写真5-2 DSM Engineering Plastics社のGF30％入りPBT、Arnite TV8 260でつくられたSUVなどの後部窓ワイパーのE・モーターのギアハウジング
（K2004にて、DSM Engineering Plastics社提供）

SABIC Innovative Plastics（IP）社は、従来のValox PBTに加えて、サスティナビリティを強調する樹脂として、回収した使用済みPETボトルを独自のChemical ProcessによってPBTにつくり換えたリサイクル樹脂を開発し、Valox iQ resinの名で上市している。このValox iQ resinにはリサイクルPBTが60％含まれている。Volvo Trucks社は、2012年型Volvo VN大型トラックのプラットフォームのサイドエアーデフレクションのブラケットにValox iQ resinを採用し、NPE 2012のSABIC IP社のブースで公開している（**写真5-3**）。このような大型部品への採用は、北米では最初のことであるという[5]。

SABIC IP社は、NPE 2009でサスティナビリティの一つとして、このリサイクルPBTとPCとのブレンド樹脂Xenoy iQ resinを使った日産インフィニティのフェンダー他、多くの自動車部品への応用例（**写真5-4**）を公開していた[6]。

なお、サスティナビリティとは、環境を破壊することなく資源利用を持続することができるようにすることをいう。

農業機械では、PBTコンパウンドが超大型部品の製造に使われている。**写真5-5**は2002年のSP2002に公開されたアメリカの大手農機具メーカーJohn Deere社の大型トラクターJohn Deere 8000シリーズトラクターで、そのエンジン・エンクロージャーには、GF30％入りPBTでつくられた総重量65 lb

写真5-3　SABIC Innovative Plastics社のValox iQ resinでつくられたサイドエアーデフレクションのブラケットを組み込んだVolvo Trucks社の2012年型Volvo VN大型トラック（NPE2012にて、SABIC Innovative Pastics社展示より）

写真5-4　SABIC Innovative Plastics社のリサイクルPBT、Valox iQ resinとPCとのブレンド樹脂Xenoy iQ resinでつくられた日産インフィニティのフェンダー他各種自動車部品（NPE2009にて、SABIC Innovative Plastics社展示より）

写真 5-5 GF30％入り PBT の Co-Injection 成形製のエンジンフレームと PBT/PC ブレンド樹脂の射出成形品 3 個から組み立てられたエンジン・エンクロージャーを採用した John Deere 8000 シリーズトラクター
（SP2002 にて、Bemis Manufacturing 社展示より）

写真 5-6 GF30％入り PBT の Co-Injection 成形によって内部のコア層は発泡構造とされた John Deere 8000 シリーズの世界最大の軽量エンジンフレーム
（SP2002 にて、Bemis Manufacturing 社展示より）

（29 kg）の一体成形のスペースフレーム（**写真 5-6**）が採用されている。このスペースフレームの成形には 6,600 トンの Co-Injection 成形機が用いられ、内部のコア層は発泡成形され、未発泡のスキン層が囲む構造をしており、ワンショットで成形される。コア層が発泡されているので、大きさの割には軽量で、一人で持ち上げることができる。このフレームには 3 個の外装パネルとライトが取り付けられ、さらにエンジンルームの空調のための空気の流れをコントロールするような設計となっている。PBT の単一部品としては、世界最大のものと言われている[7]。

なお、この John Deere 8000 シリーズトラクターのエンジン・エンクロージャーは、PBT の他 ABS 樹脂や PBT/PC ブレンド樹脂など、ほとんどが熱可塑性プラスチック製の部品で組み立てられ、部品点数を 13 点も減らし、20 年の寿命を目標に開発されたもので、農機具業界の革命的開発と話題になった[8]。

そして 4 年後の SP 2004 では、さらに外装部分が改良された（**写真 5-7**）。まず、黒色のフロントグリルは原料着色の GF30％入り PBT の射出成形でつくられている。ボディパネルトップは原料着色 PBT/PC ブレンド樹脂の射出成形で美しい緑色に成形され、同じ色のアクリル系塗装で仕上げることによって、スクラッチで傷付いても目立たないように仕上られている。サイドパネル

写真 5-7　原料着色 30 % GF 入り PBT の射出成形でつくられたフロントグリルと、同じく原料着色の PBT/PC ブレンド樹脂の射出成形でつくられたトップ。さらに Co-Injection 成形でつくられたサイドから組み立てられた John Deere 8000 シリーズのエンジン・エンクロージャー（SP2006 にて Bemis Contract Group 展示より）

は、同じく原料着色された PBT/PC ブレンド樹脂の Co-Injection 成形でつくられ、コア層にはリサイクル樹脂の発泡構造が利用されている。これらのフード全体は、使用後、金属部品を除いた後、リサイクルされて次の成形の際の Co-Injection 成形のコア材として使用される[9)]。

この PBT 樹脂系のエンジン・エンクロージャー・システムは、John Deer 7000 シリーズなど同社の他のシリーズのトラクターのエンジン・エンクロージャー・システムとしても採用されている。

5-3 PBT/PC ブレンド樹脂

前記のように PBT は 130〜140 ℃の耐熱性を持ち、耐溶剤性や耐候性などに優れているが、寸法精度が悪いという欠点がある。一方、後述するように、ポリカーボネート（PC）は、優れた寸法精度や耐衝撃性を持ちながら、耐溶剤性が劣る。そこで、これら双方の樹脂の特性を生かし、それぞれの欠点を改良する方法として、PBT と PC のブレド樹脂が開発された。PBT/PC ブレン

写真 5-8 Bayer 社の Pocan（PBT/PC ブレンド樹脂）の射出成形製のバンパー・フェイシャーを装着した Audi 90（K'89 にて、Bayer 社提供）

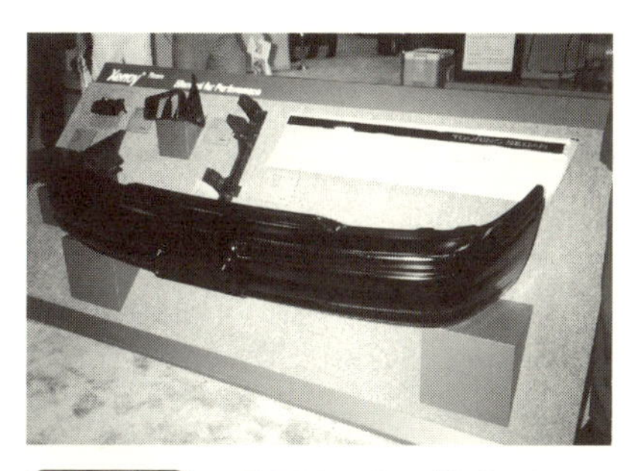

写真 5-9 GE Plastics 社の Xenoy（PBT/PC ブレンド樹脂）のバンパー・フェイシャーへの応用例（NPE'91 にて、GE Plastics社展示より）

ド樹脂は、耐衝撃性に優れ、塗装などに使われる溶剤に強く、成形性に優れ、寸法精度も良く、大型部品の成形に適していることから、自動車部品として数多く採用されてきた。

古くは、Audi 90 のバンパー・フェイシャーに Bayer 社の Pocan（PBT/PC ブレンド樹脂）の射出成形品が使われている（**写真 5-8**）。Audi 90 クーペにも同じ PBT/PC ブレンド樹脂製のバンパー・フェイシャーが使われている[10]。同社は、翌年の Interplas 90 でも PBT/PC ブレンド樹脂 Pocan が BMW 5 シリーズのバンパー・フェイシャーに採用されたとして展示している[11]。

GE Plastics 社も、同社の PBT/PC ブレンド樹脂 Xenoy がアメリカやヨーロッパの多くの量産車のバンパー・フェイシャーに採用されているとして、その応用製品（**写真 5-9**）を NPE'91 に展示して PR していた[12]。

PBT/PC ブレンド樹脂製のバンパー・フェイシャーは、PP 系プラスチック製のバンパー・フェイシャーより低温における耐衝撃性が優れており、−40℃における耐衝撃テストにも合格することを特長としている。

GE Plastics 社は、PBT/PC ブレンド樹脂 Xenoy の加工性を改良した高流動性グレードを開発し、これまで 3〜4 mm 厚に成形されていたバンパー・フェイシャーを 2.2 mm 厚まで薄肉化し、60〜72 秒のサイクルタイムで成形する技術を開発し、K'92 で公開した。さらに、このバンパー・フェイシャーはリサイクルされて、リサイクルグレード Xenoy XRI となり、5 mile/hr の耐衝撃性の規制に合格するバンパービームに再生されることから（**写真 5-10**）、リデュース

写真 5-10 GE Plastics 社のハイフロー Xenoy（PBT/PC ブレンド樹脂）による 2.2 mm 厚の薄肉バンパー・フェイシャー（上）と古いバンパーから回収されたリサイクルグレード Xenoy XRI 100 %によるバンパービーム（下）（K'92 にて、GE Plastics 社展示より）

写真 5-11 リデュースとリサイクルを兼ねたハイフロー Xenoy PBT/PC ブレンド樹脂製のバンパーシステムを採用した Ford Mondeo（Interplas'93 にて、GE Plastics 社展示より）

とリサイクルの代表的な例として注目された[13]。GE Plastics 社は、このシステムが PP 系バンパーシステムより耐衝撃性が高く、薄肉化による軽量化、成形サイクルの短縮が可能で、プライマーレス塗装ができることから、PP 系よりコストダウンになり、特に冬期の低温衝撃性を要求される寒冷地での車に適しているとして積極的な開発を進め、1992 年の Ford Sierra や Ford Mondeo（**写真 5-11**）などに広く採用された[14]。

GE Plastics 社は NPE'94 で、PBT/PC ブレンド樹脂のリサイクルグレード Xenoy REX 165 に続いて、Cycolac REC550（ABS 樹脂）、Cycoloy REY295（ABS/PC）、Rexan REL340、350（PC）、Noryl REN814（PPO/PS）など 6 種類のリサイクルグレードを開発、展示した。**写真 5-12** は Xenoy REX165 でつくられた Ford 社の Taurus と Mercury Sable Wagon に使われたテールライト・ハウジングで、このリサイクル樹脂は Xenoy 1102 でつくられた Ford 社のバンパー・フェイシャー（写真 5-12 の後部）から回収されたものである[15]。

PBT/PC ブレンド樹脂 Xenoy は、シートに加工された後、熱成形によって各種の部品に加工されている。**写真 6-13** は、Volvo FH シリーズのトラックの一つで、そのドア外板には、PBT/PC ブレンド樹脂製シートの熱成形製品が使われている。なお、このトラックには PBT、変性 PPO、ABS 樹脂および AZDEL などの熱可塑性プラスチック製の内装・外装部品 36 個が採用されている[16]。

写真 5-12 GE Plastics 社のリサイクル樹脂 Xenoy REX 165 でつくられた Ford 社の Mercury Sable Wagon のテールライト・ハウジング
(NPE'94にて、GE Plastics社展示より)

写真 5-13 GE Plastics 社の Xenoy PBT/PC ブレンド樹脂製シートの熱成形でつくられたドア外板の他、同社 PBT、変性 PPO、ABS 樹脂および AZDEL など熱可塑性樹脂製の内装・外装部品 36 個を採用した Volvo FH シリーズトラック
(Interplas'93にて、GE Plastics社提供)

1990年代に入って、リユース、リサイクルしやすい設計思想が提案され、いわゆる Design For Disassembly（DFD）設計が取り入れられるようになり、部品の点数を減らし集約化するモジュール化設計が取り入れられるようになった。それによって、リサイクルやリユースだけでなく、コスト面でも大きなメリットがもたらされた。その反面、部品が複雑になり、部品の肉厚が不均一になり、成形が困難になるなどの問題も発生した。

この問題の解決に役立ったのが、90年代になって普及してきたガスアシスト射出成形である。従来の射出成形では、肉厚が不均一になるとヒケやソリを発生し、正常な成形品が得られない。これに対し、ガスアシスト射出成形では成形時に肉厚部やリブの根元に強制的に N_2 ガスなどの不活性ガスを注入して空洞を発生させ、それによってヒケやソリの発生を防ぐことができる[17]。

GE Plastics 社と Delphi Interior & Lighting Systems 社は、従来金属部品61個から組み立てられていたGM社のドアモジュールパネル（**写真 5-14**）を、ガラス繊維30％入り PBT/PC ブレンド樹脂を使って、ガス・アシスト射出成形による一体成形を活用して、僅か3個の部品に集約した熱可塑性プラスチック製のドアモジュールを開発した（**写真 5-15**）。3個の部品の内、最も大きなフレームは、成形サイクル70秒で成形され、組み立て時間は330秒から52秒

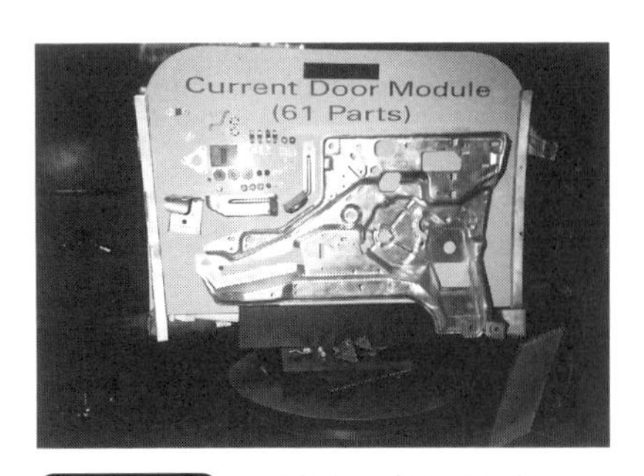

写真 5-14　従来金属部品 61 個から組み立てられていた GM 社のドアモジュール
（SP1995 にて、Delphi Interior & Lighting Systems 社展示より）

写真 5-15　GE Plastics 社の GF30%入り PBT/PC ブレンド樹脂のガスアシスト射出成形でつくられた３個の部品で組み立てられたドアモジュール（写真右）とそれを装着した GM 社の車のドアのカットモデル（写真左）
（SP1995 にて、Delphi Interior & Lighting Systems 社展示より）

へと 84 %もの大幅減少を達成した。ドア 1 個当たり、1.5 kg の軽量化と最大 15 %のコストダウンに成功した。加えて解体しやすいことから、ヨーロッパのリサイクル基準にも合格し、まさに一石三鳥の開発製品となった[18]。このドアモジュールは、その後も改良を加えながら GM 社の車に使われている。

写真 5-16 は、DimlerChrysler 社の smart roadster で、そのリムーバルボディパネルは GE Plastics 社の PBT/PC ブレンド樹脂 Xenoy の原料着色品のモールデッド･インカラーでつくられており、塗装は行われていない。このボディパネルは、従来の金属板への塗装仕上げでつくられたボディパネルよりも軽量･低コストで、スタイリングや機能の面でも優れているという。なお、この車のインテリアトリムには、同社の PC Lexan や ABS/PC ブレンド樹脂 Cycoloy が使われている[19]。

また**写真 5-17** は、大型トラック Volvo トラック 670 シリーズで、この運転席の外板には PBT/PC ブレンド樹脂 Xenoy 5220V の原料着色品のモールデッド･インカラーで仕上げられており、強靭さと低コストが特長として評価されている。その他、カウエルベントグリルには ASA/PC ブレンド樹脂 Geloy が、ヘッドランプ･アッセンブリーには PC Lexan LS2 製のレンズ、ASA/PC ブレンド樹脂 Geloy Visualfx Resin 製のベーゼル、熱可塑性ポリイミド樹脂 Ultem

写真 5-16 GE Plastics 社の PBT/PC ブレンド樹脂 Xenoy の原料着色品のモールデッド・インカラーでつくられたリムーバルボディパネルを組み込んだ DaimlerChrysler 社の smart roadster（NPE2003 にて、GE Plastics 社展示より）

写真 5-17 GE Plastics 社の PBT/PC ブレンド樹脂 Xenoy 5220V 製の運転席の外板他、多くの GE Plastics 社の熱可塑性プラスチック製品を組み込んだ大型トラック Volvo トラック 670 シリーズ（NPE2003 にて、GE Plastics 社展示より）

製のリフレクターが使われており、サイドミラーは PBT Valox の黒色着色品のモールデッド・インカラーでつくられている[20]。

電気自動車には、ガソリン車より以上に車体の軽量化が求められる。**写真 5-18** は Vectrix 社の世界で初めて量産されたハイパワーの電動二輪スクータ

写真 5-18 PBT/PC ブレンド樹脂の原料着色品のモールデッド・インカラーでつくられたボディを装着した Vectrix 社のハイパワー電動二輪スクーター
（SP2007 にて、Minco Tool and Mold 社展示より）

写真 5-19　着色透明 PBT/PC ブレンド樹脂製のエアーボックスカバーとタンクカバーを採用した Buell 社のスポーツモーターサイクル Buell Lightning Cityx
（SP2005 にて、Bemis Manufacturing 社展示より）

写真 5-20　Buell 社の Buell Lightning Cityx に採用された着色透明 PBT/PC ブレンド樹脂の射出成形でつくられたエアーボックスカバーとタンクカバー
（SP2005 にて、Bemis Manufacturing 社展示より）

ーElectric Maxi-Scooter で、軽量で外観のアピール性がこのスクーターの最大の特長とされた。それらを満足するために、スクーターのボディは PBT/PC ブレンド樹脂の原料着色品の射出成形によるモールデッド・インカラーでつくられ、塗装は省かれ、コーティングのみで美しい外観と高いグロスを持つボディが誕生した。高い表面特性を要求されることから金型と成形は、Minco Tool and Mold 社が担当した[21]。

透明な PBT/PC ブレンド樹脂も開発されている。**写真 5-19** は Buell 社のスポーツ・モーターサイクル Buell Lighting Cityx で、そのタンクカバーとエアーボックスカバー（フロントガラス）は、透明の PBT/PC ブレンド樹脂でつくられている（**写真 5-20**）。新しくつくられたこの透明グレードは、耐薬品性に富み、高い剛性が特徴とされ、外観やスタイルに敏感な若者の目を引くようなデザインを可能にし、高いスピードでも安定した剛直性を維持している。成形は Bemis Manufacturing 社が担当し、射出成形でつくられた[22]。

5-4　ポリエチレン・テレフタレート（PET）

ポリエチレン・テレフタレート（PET）は、比重 1.4 の結晶性プラスチックで、結晶部分の溶ける融点は 250～255 ℃、非結晶部分が溶けるガラス転移温度は

69℃を示す。多くは、ペットボトルやポリエステル繊維として使用されている。成形材料としては、ガラス繊維などを充填したFR-PETとして使われている。PETは結晶化速度が遅く、成形の際に溶融状態から急冷すると非結晶状態となって固化する。この状態で室温に放置すると徐々に結晶化が進み、変形したり寸法が変化したりするので、ガラス繊維やタルクなどの充填材の他、結晶化促進剤などを配合したものが成形材料として使用されている。実用上の長期使用温度の目安となるUL746のTIは140～150℃に達し、機械的強度や耐溶剤性、耐候性、電気特性などに優れている。ただし、PBTよりは成形が難しいことから、PBTよりも高い温度や耐候性などを要求される部品に使われている[23]。

自動車部品としても古くから使われている。例えばDuPont社のPET Rynite 935は89年型のFord社のThunderやMercury Cougarのワイパーモジュール・ブラケットやスポーツクーペのグリルオープニング・レインフォースメント（GOR）に使われている（**写真5-21**）[24]。さらにNPE'94では、Allid Signal社が、PETボトルのリサイクル品100％からなるGF35％入りPETでつくられたGORがFord社のTaurusなどに採用されたとして、幾つかのGORを展示した（**写真5-22**）[25]。当時は、PETボトルのリサイクル品は、ポリエステル繊維などごく一部の製品にしか使われず、自動車部品に使われたことは大きな注目を浴びた。

これらのGORには、補強材として金属材料が使われていたが、NPE2003年

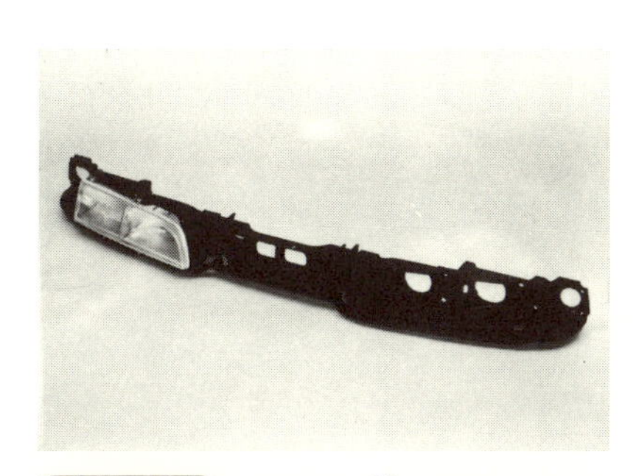

写真5-21 DuPont社のPET Rynite 935の射出成形でつくられたFord社の'89年型スポーツクーペに使われたグリルオープニング・レインフォースメント（NPE '88にて、DuPont社提供）

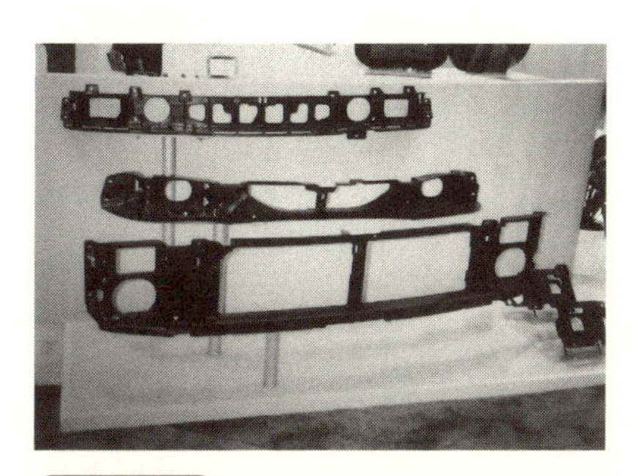

写真5-22 PETボトルリサイクル品100％からなるGF35％入りPETの射出成形でつくられたFord社のTaurusなどのGOR（NPE'94にて、Allid Signal社展示より）

写真 5-23　DuPont 社の FR-PET Rynite でつくられたオール熱可塑性プラスチック製の 2003 年型 Ford Lincoln Navigator の GOR
（NPE2003 にて、DuPont 社展示より）

写真 5-24　Ticona 社の FR-PET 製のボディパネルを採用した Chrysler 社の Composite Concept Vehicle（CCV）
（K'98 にて、Ticona 社提供）

になって、DuPont 社は同社の FR-PET Rynite だけでつくられたオール熱可塑性プラスチック製の GOR（**写真 5-23**）を、Ford 社の 2003 年型 Lincoln Navigator に採用されたと公開した。この FR-PET 製の GOR は、e-cort に耐える耐熱性を持ち、金属の補強なしで変形しないことを特長とし、その結果コストダウンにつながっている[26]。

FR-PET が自動車の構造材として注目を集めたのは、1998 年の K'98 であった[27]。当時 Chrysler 社は軽量化を目指して、オールプラスチックカーの開発を進めており、Composite Concept Vehicle（CCV）を開発した（**写真 5-24**）。この車のボディパネルはガラス繊維強化 PET（FR-PET）の射出成形でつくられており（**写真 5-25**）、直接シャーシに取り付けられる。従来使われていたスチール製のシャーシに取り付けられていた 80 個のスチール製部品は、僅か 6 個のプラスチックボディパネルに置き換えられ、組み立て時間は従来の 19 時間から 6.5 時間へと大幅に短縮されると推定された。このボディパネルは、4 個の射出成形品から組み立てられる（**写真 5-26**）。これらの部品の設計には、コンピューターシミュレーションによる綿密な研究が行われ、各種の要求を満たすために耐衝撃性を改良した特殊なガラス繊維強化 PET、Impet Hi が Ticona 社によって開発された。

一方、これらの超大型製品をつくるためには、超大型の射出成形機を必要とする。この要求に応えたのが Husky Injection Molding Systems 社で、ミシガ

写真 5-25 Ticona 社の FR-PET の射出成形品 4 個で組み立てられた CCV のボディパネル
（K'98 にて、Ticona 社提供）

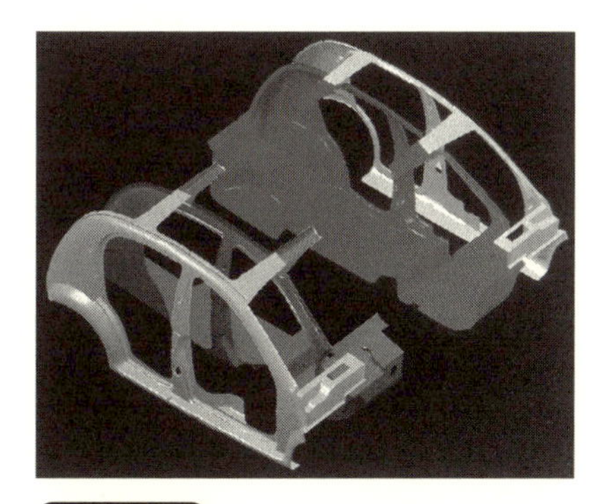

写真 5-26 コンピューターシミュレーションによる CCV 用の FR-PET による 4 個のボディパネルの設計
（K'98 にて、Ticona 社提供）

ン州の Novi に研究開発センターを建設し、ここに当時世界最大級と言われた型締め力 8,800 トンの超大型射出成形機を設置して対応した。同社は K'98 で、このフレーム 4 個のうち右半分の 2 個で組み立てたボディフレームの右半分を

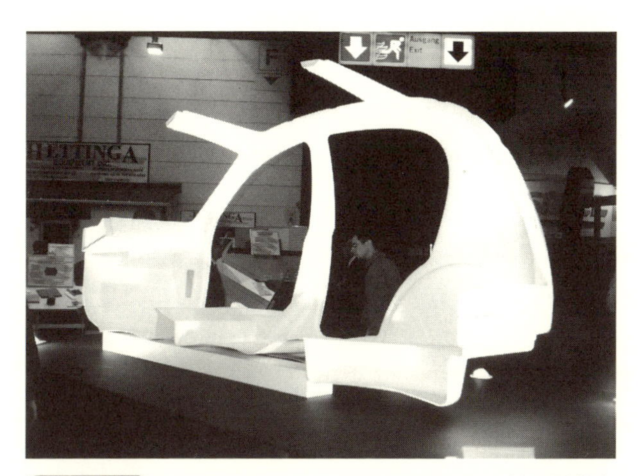

写真 5-27 Husky Injection Molding System 社の型締力 8,800 トンの射出成形機でつくられた 4 個の部品のうち 2 個の部品で組み立てられた CCV の FR-PET 製ボディパネルの右半分
（K'98 にて、Husky Injection Molding System 社展示より）

展示し（**写真 5-27**）、Ticona 社が展示したボディフレームの完成品とともに、多くの注目を集めた。

このように、FR-PET の射出成形でつくられたボディパネルは、スチール製のものに比べて約 80 %の生産コストを削減し、50 %の軽量化を達成することによって燃費の低減に寄与する。加えて、シートベースやダッシュボードサポートなど後から組み立てていたものも直接成形することも可能であり、組み立てに必要とされた工場の床面積も 1/5 に削減されることが予想され、さらに塗装工程も省けるなど、全体として大幅なコストダウンにつながると期待された。

この Chrysler 社の CCV のボディパネルは、発展途上国向けの低価格の小型車として設計されたが、軽量小型車だけでなく、高級車への応用も進められた。同社は前年のデトロイトのオートショーで、電気/ガソリン･ハイブリッドのフルサイズセダン Dodge Intrepid ESX2 と 2 人乗りのスポーツカーPlymouth Pronto Spyder に、この FR-PET 製ボディパネルを採用したモデルを公開している。

Dodge Intrepid ESX2 は、ガソリン / 電動モーターの 2 種類のドライブフォースを持つハイブリッドカーで、環境に優しいとして評価されているが、車体重量が増加することが欠点とされている。Chrysler 社は、このハイブリッドカーの開発に当たって、軽量化を優先項目の一つとして、CCV に採用した FR-PET ボディパネルの採用を検討した。そして、運転者の保護性をより改善するためにアルミニウム構造体も併用した。この組合せ設計によって、従来のスチール製のボディパネルより、約 37 %の軽量化になると計算された。このようにして生まれたのが 3 気筒ターボディーゼルエンジンと 1 個の電動モーターからなるドライブフォースを持つ Dodge ESX2 Mybrid である（**写真 5-28**）。

もう一つは 2 人乗りのスポーツカーPlymouth Pronto Spyder である（**写真 5-29**）。この車にも、CCV の FR-PET 製ボディパネルが採用されている。この車は、CCV が発展途上国向けの低価格軽量車として開発されたのに対して、欧米のロードスターファンのために開発された高級車である。このスポーツカーは、FR-PET 製ボディパネルを採用したことによって、車体重量は 2,700 lb という軽量車となった[28)]。

写真 5-28 Ticona 社の FR-PET でつくられたのボディパネルとアルミニウム構造体の組合せ設計を採用した Chrysler 社のガソリン/電動・ハイブリッドカーDodge ESX2 Mybrid
(K'98 にて、Ticona 社提供)

写真 5-29 Ticona 社の FR-PET でつくられたボディパネルを採用した Chrysler 社の２人乗りスポーツカー Plymouth Pronto Spyder
(K'98 にて、Ticona 社提供)

5-5 PET/PC ブレンド樹脂

PBT の場合と同様に、PET の結晶性に伴う欠点を改良する目的で、PET/PC ブレンド樹脂が開発され、自動車部品などにも利用されている。PET/PC ブレンド樹脂は、PBT/PC ブレンド樹脂より表面特性が良く、原料着色の射出成形品では塗装なしでクラス A の表面特性が得られ、耐候性、耐衝撃性などにも優れている。

写真 5-30 は GM 社向けの折りたたみ式のサイドミラーである。そのミラーハウジングは PET/PC ブレンド樹脂のガスアシスト射出成形でつくられ、車体に取り付けるベースはスキン層に PET/PC ブレンド樹脂を、コア層に GF30 %強化 ABS 樹脂を使用した Co-Injection 成形でつくられている。表面層の PET/PC ブレンド樹脂は、塗装なしで高いグロスと美しい外観を持ち、優れた耐候性を有することから採用された。従来の折りたたみ式のサイドミラーに必要とされたブラケットも省略することができた[29]。

写真 5-31 は John Deere Horicon Works 社のガーデントラクターで、その上下のフードには PET/PC ブレンド樹脂を表面層にした Co-Injection 成形品が使われている。コア層にはオフスペックの PET/PC ブレンド樹脂、ABS 樹

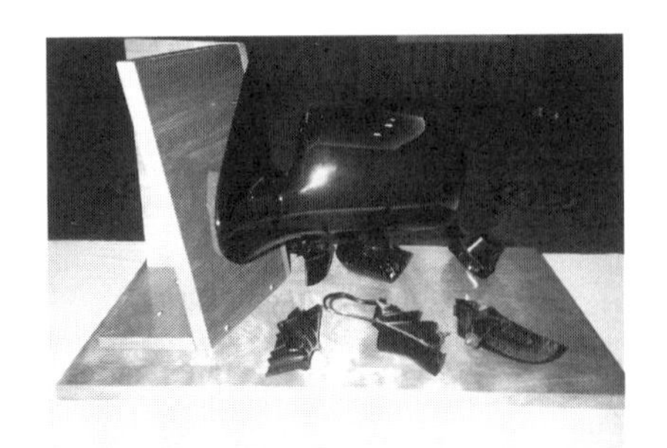

写真5-30　PET/PC ブレンド樹脂のガスアシスト射出成形でつくられたミラーハウジングと、スキン層にPET/PC ブレンド樹脂を使い、コア層に30%強化 ABS 樹脂を使った Co-Injection 成形でつくられたベースから組み立てられた GM 社向けの折りたたみ式サイドミラー
(SP'98にて、Siegel-Robert社展示より)

写真5-31　PET/PC ブレンド樹脂をスキン層に、オフスペック樹脂をコア層に使った Co-Injection 成形品を採用した John Deere 社のガーデントラクター
(SP'99 にて、Bemis Manufacturing 社展示より)

写真5-32　特殊配合の PET/PC ブレンド樹脂でコア層を発泡体とした Co-Injection 成形部品を組み込んだ Polaris MSX Personal Watercraft
(SP2003 にて、Bemis Manufacturing 社展示より)

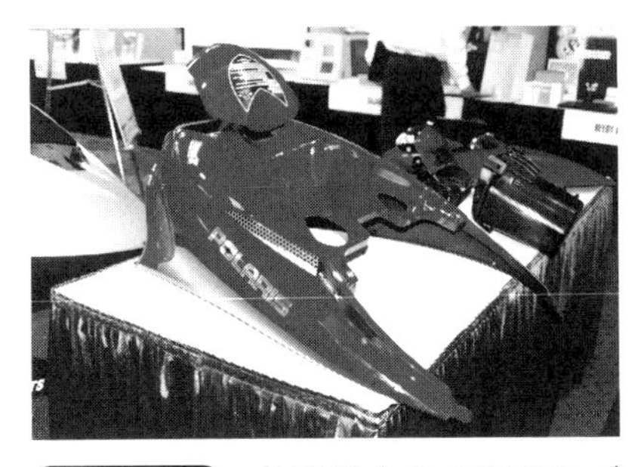

写真5-33　特殊配合の PET/PC ブレンド樹脂のコア層を発泡体とした Co-Injection 成形でつくられた Polaris MSX Personal Watercraft のインスツルメントパネルなどの部品
(SP2003 にて、Bemis Manufacturing 社展示より)

脂などのリサイクル品を使用している。表面層の PET/PC ブレンド樹脂は原料着色で、表面塗装なしで高いグロスを示し、高い耐熱性、耐衝撃性、耐薬品性、耐候性を保持している。Co-Injection 成形を採用したことによって、20～30 %のコストダウンに成功した[30]。

PET/PC ブレンド樹脂は、従来不飽和ポリエステル樹脂でつくられていたレジャーボートの部品にも使われている。**写真 5-32** は Polaris MSX Personal Watercraft で、そのインスツルメントパネルや操縦装置などには、従来使われていた不飽和ポリエステルに代わって ET/PC ブレンド樹脂の発泡コア構造の Co-Injection 成形品が用いられた（**写真 5-33**）。これらの部品は、太陽光の直射やエンジンからの発熱による昇温に耐える必要から、特殊配合の PET/PC ブレンド樹脂が使われている。コア層を発泡体としたのは、軽量化と表面のヒケを防ぐためで、表面仕上げにはアクリル系のメタリック塗装に高光沢のウレタン系塗装仕上げがなされている[31)]。

参 考 文 献

1) 舊橋章：製品開発に役立つプラスチック材料入門、日刊工業新聞社、2005 年 9 月 30 日発行、p. 74
2) 舊橋章：製品開発に役立つプラスチック材料入門、日刊工業新聞社、2005 年 9 月 30 日発行、p. 79〜81
3) 舊橋章：NPE2006 レポート（Ⅱ）、プラスチックスエージ、2006 年 11 月号、p. 107
4) DSM Engineering Plastics 社 K2004 Press Kit DSMPR086E01004
5) 舊橋章：NPE2012 レポート（Ⅰ）、プラスチックスエージ、2012 年 8 月号 p. 92
6) 舊橋章：NPE2009 レポート（Ⅰ）、プラスチックスエージ、2009 年 10 月号、p. 71〜72
7) 舊橋章：SPI Structural Plastics 2002、自動車からトラクタへ、超大型部品の実用化、プラスチックスエージ、2002 年 9 月号、p. 122
8) 舊橋章：SPI Structural Plastics 2002、自動車からトラクタへ、超大型部品の実用化、プラスチックスエージ、2002 年 9 月号、p. 118
9) 舊橋章：SPI Structural Plastics 2006, Structural Plastics Conference から Plastics Parts Innovations Conference へ組織変更、プラスチックスエージ、2006 年 8 月号、p. 136
10) 舊橋章：K'89 レポート、航空機･自動車･住宅向け大型製品で活況、プラスチックエージ、1990 年 3 月号、p. 166〜167
11) 舊橋章：Interplas'90、ヨーロッパにおけるエンプラ･スーパーエンプラの応用開発、プラスチックエージ、1991 年 4 月号、p. 189
12) 舊橋章：NPE'91 レポート、自動車、住宅など大型製品と実用段階を迎えたリサ

イクル、プラスチックエージ、1991 年 11 月号、p. 177
13）舊橋章：K'92 に見るプラスチック材料の最新動向、プラスチックスエージ、1993 年 3 月号、p. 169～170
14）舊橋章：Interplas'93、ヨーロッパに於けるプラスチック製品開発動向、プラスチックエージ、1994 年 3 月号、p. 148
15）舊橋章：NPE'94 レポート、アメリカ・プラスチック産業の開発動向、プラスチックエージ、1994 年 11 月号、p. 130～131
16）舊橋章：Interplas'93、ヨーロッパに於けるプラスチック製品開発動向、プラスチックエージ、1994 年 3 月号、p. 151
17）舊橋章：実践 高付加価値プラスチック成形法、日刊工業新聞社、2008 年 3 月 25 日発行、p. 73～141
18）舊橋章：SPI Structural Plastics '95、部品集約化で進むコストダウン、プラスチックスエージ、1995 年 9 月号、p. 144
19）舊橋章：NPE'2003 レポート、プラスチックエージ、2003 年 10 月号、p. 97～98
20）舊橋章：NPE'2003 レポート、プラスチックエージ、2003 年 10 月号、p. 98
21）SPI APP 2007 Plastic Parts Innovation Conference 展示資料
22）舊橋章：SPI Structural Plastics'2005、中国対応がメインテーマに、プラスチックエージ、2005 年 10 月号、p. 206～207
23）舊橋章：製品開発に役立つプラスチック材料入門、日刊工業新聞社、2005 年 9 月 30 日発行、p. 75～78
24）舊橋章：NPE'88 にみる欧米のエンプラ開発の動向、プラスチックエージ、1988 年 11 月号、p. 229～230
25）舊橋章：NPE'94 レポート、プラスチックエージ、1994 年 11 月号、p. 131～132
26）舊橋章：NPE 2003 レポート、プラスチックエージ、2003 年 10 月号、p. 100
27）舊橋章：k'98 レポート、プラスチックエージ、1999 年 2 月号、p. 128～129
28）舊橋章：プラスチック開発海外情報 20、工業材料、1999 年 7 月号、p. 96～99
29）舊橋章：SPI Structural Plastics '98、設計技術に生かされる最適成形法、プラスチックスエージ、1998 年 8 月号 p. 144
30）舊橋章：SPI Structural Plastics '99、実用化進む Sequential Injection Molding、1999 年 9 月号、p. 103
31）舊橋章：SPI Structural Plastics 2003、応用開発進む超大型成形製品、プラスチックスエージ、2003 年 9 月号、p. 130

第6章

ポリカーボネートと自動車部品への応用

6-1 ポリカーボネートの特長[1)]

ポリカーボネート樹脂（PC）の基本的な構造は、ビスフェノールAと炭酸（H_2CO_3）とのエステルからなるポリマーで、ポリエステル系プラスチックの一つである。一般的に熱可塑性ポリエステル樹脂と呼ばれるPBTやPETと違って、ガラス転移点150℃前後の非結晶性プラスチックで、透明性に優れ、機械的強度が高く、熱可塑性プラスチックの中で最高の耐衝撃性を有する。寸法精度に優れ、精密成形に適している。反面、酸、アルカリ、スチームなどにより加水分解されるというポリエステル系プラスチックに共有の欠点を有する。また、耐溶剤性が劣り、ストレスクラックを起こしやすい。表面の傷から割れやすいことから、ヘッドランプ･レンズや窓ガラスなどでは、表面をシリコーン樹脂でコーティングして傷付き難くして用いられる。また、前章で述べたように、PBTやPETとブレンドして、それらの寸法制度の悪さを改良し、PCの耐溶剤性を補うブレンド樹脂が開発され、自動車部品に使われている。

PCの耐熱性を改良したものに、ガラス転移点180℃のポリエステル･ポリカーボネートと呼ばれる樹脂や、ビスフェノールAの他にトリメチル-シクロヘキサノン-ビスフェノールを含むコポリマーで、ガラス転移点238℃に達するBayer社の超耐熱PC、Apec HTも開発されている。

6-2 ヘッドランプへの応用

自動車のヘッドランプのPC製レンズが採用されるようになったのは、1990年頃からで、それまではガラス製のレンズが使われており、PC製レンズの使

写真6-1　GE Plastics 社の Lexan (PC) の射出成形品にシリコーン樹脂コーティングしてつくられた各種ヘッドランプ
(K'92 にて、GE Plastics 社展示より)

写真6-2　Bayer 社の耐熱 PC、Apec HT 製のインナーレンズを組み込んだ Chrysler 社の Dodge Viper スポーツカーのヘッドランプ
(K'92 にて、Bayer 社展示より)

用は許可されていなかった。しかし、自動車のデザインが重視されるようになるにつれて、従来のガラスではデザインの自由度が限られ、自動車の顔とも言われる斬新なフロントの設計には、プラスチックの採用は避けられない現実であった。加えて、ガラス製のレンズは量産性が乏しく、デザインが複雑になるほど生産時の不良率が高くなり、割れやすく重くなるという欠点があった。

一方、PC は成形性に富み、寸法精度が良く、デザイン性や量産性にも優れており、耐衝撃性に富み、軽量で衝突時にも割れ難く、ヘッドランプの発する熱にも十分に耐えることができる。ヘッドランプの表面は、走行時に砂や小石がぶつかることによって傷付きやすいので、PC 製ランプの表面は、シリコーン樹脂のコーティングで保護されている。ヘッドランプ・レンズがガラスから PC に代わることによって、自動車のデザイン、特にフロントヘッドのデザインの改良に大きな貢献をしてきた。**写真 6-1** は、GE Plastics 社の Lexan (PC) の射出成形品にシリコーン樹脂をコーティングしてつくられた各種のヘッドランプ・レンズで、K'92 で展示公開されたものである[2)]。

ヘッドランプの表面のレンズは PC の耐熱性で十分であるが、インナーレンズやリフレクターは光源の発する熱に耐えられない。これらの部品に使われたのが Bayer 社の耐熱 PC、Apec HT である。**写真 6-2** は Chrysler 社の Dodge Viper スポーツカーのヘッドランプで、そのインナーレンズには Apec HT が使われている[3)]。また、**写真 6-3** は Porsche に採用された軽量ヘッドランプシ

写真 6-3 Bayer 社の PC、Makrolon AL2647 製の表面レンズ、同耐熱 PC、Apec DPI 9359/5 製のリフレクターで組み立てられた Porsche の軽量ヘッドランプシステム（K2001 にて、Bayer 社展示より）

ステムで、表面レンズにはBayer社のPC、Makrolon AL2647の射出成形品にシリコーン樹脂をコーティングしたものを、そしてリフレクターには同社のApec DPI 9359/5が使われている。これらPC製品を多用したヘッドランプシステムは、寸法安定性、耐熱性、透明性に優れ、耐衝撃性も高いことから安全性にも優れ、薄肉成形による軽量化によって燃費の向上にも寄与している[4]。

ヘッドランプの光源がLEDに代わっても、PCのヘッドランプ・レンズへの使用は衰えていない。**写真 6-4**は、Hella North America社が開発したPC製の琥珀色のレンズとLED光源を採用したサイドマーカーランプで、2007年型のCadillac Escaladeのヘッドランプに採用されている。この開発は、Bayer MaterialScience社のAutoCreative Teamとの共同で行われたもので、PCには同社のMakrolon PCが使われた[5]。

写真 6-5はNew Audi A8のLEDヘッドランプで、そのレンズにはBayer MaterialScience社のPC、Makrolon LED2245が使われている。このヘッドランプ・レンズは、長さ4cm、幅2cm、厚さ1cmで、形状や厚みが複雑で標準的な射出成形ではつくることができない。そこで、Bayer MateralScience社は、Multilayer Injection Moldingを改良した成形方法を用い、金型温度のコントロールも加わって、厚みの複雑なLEDヘッドランプを、高い寸法精度とショートサイクルで成形することに成功した。このコンセプトは、Audi AGとHella

写真 6-4　PC 製琥珀色のレンズと LED 光源を採用したサイドマーカーランプを組み込んだ、2007 年型 Cadillac Escalade のヘッドランプ
(NPE2006 にて、Bayer Material Science 社展示より)

写真 6-5　Bayer MaterialScience 社の PC、Makrolon LED2245 の Multilayer Injection Molding で成形されたレンズを組み込んだ New Audi A8 の LED ヘッドランプ
(K2010 にて、Bayer MaterialScience 社展示より)

KGaA Hueck & Co. との共同開発で実現した。この PC 製 LED ヘッドランプは、ガラス製のものより約 50% も軽く、電気自動車に必要とされている軽量化に完全に合致するものとなっている[6)]。

6-3　窓ガラスおよびサンルーフパネルへの応用

窓ガラスやルーフパネルの樹脂化は、安全性に加えて軽量化やデザイン性からも古くから試みられてきた。GE Plastics 社は、1997 年に Dodge Caravan の全ての窓ガラスをシリコーン樹脂コーティングされた PC ガラスに代えて実用テストを行っているとして、NPE'97 で展示公開した（**写真 6-6**）[7)]。この PC 製窓ガラスは量産車としては 1998 年に発売された MCC 社の 2 人乗りミニカー、smart for two（**写真 6-7**）のリアクォーターウィンドウに初めて採用された[8)]。

GE Plastics 社と Bayer Polymers 社は、1998 年に自動車用の PC 製安全窓ガラス（グレージング）の開発を目的として 50：50 の JV、EXATEC 社を設立した。市場で激しく競合する 2 大 PC メーカーが、自動車用窓ガラスの開発のために手を組んだことは当時の業界を驚かせたが、その裏には成形技術や表面コーティング技術などの開発、さらに安全性に関する許認可取得など、個々

写真6-6　全ての窓ガラスをシリコーン樹脂コーティングPCガラスに代えて実用テストしたDodge Caravan（NPE'97にて、GE Plastics社展示より）

写真6-7　リアクォーターウィンドウにシリコーン樹脂コーティングしたPCガラスを採用した他、多くのプラスチックボディ部品を採用したMCC社の２人乗りのミニカーsmart for two（K'98にて、GE Plastics社展示より）

の企業では荷が重過ぎることを考慮して、共同開発に踏み切ったとされている[9]。

EXATEC社は米国のデトロイトとドイツのケルン市郊外に開発拠点を構え、自動車用安全窓ガラスに関する成形技術やプラズマ処理によるハードコートから、接着やアッセンブリーシステムに至る全ての技術開発を行った。そして、2003年のNPEで、自動車用窓ガラスの規格に合格するPC製安全窓ガラス生産システムを確立し、ライセンスを開始したとして、Exatec 500Tと名付けて公開した[10]。**写真6-8**は、Bayer Polymers社のPC、Makrolon AL2647を原料としてExatec 500Tでつくられた自動車用PC製三角窓である。

EXATEC社は、NPE 2003でExatec 500Tの詳細を記録したCDを配布した。それによると、Exatec 500Tの技術は、(1) 成形、(2) 印刷、(3) 耐UVコーティング、(4) プラズマコーティング、(5) オンライン取り付け、の5工程から成り立っている（**写真6-9**）[11]。このシステムで特に注目されるのは、成形技術とオンライン取り付けシステムである。

従来の一般的なPC製窓ガラスは、PCシート、あるいはその熱成形でつくられていた。しかしPCシートを押出成形でつくり、さらに熱成形するのは量産性に乏しくコスト高になる。Exatec 500Tでは特殊な射出-圧縮成形技術が使われた。この射出成形技術は、Summerer Technologies社のIMPmore molding technologyと呼ばれる技術で、低い型締圧力で成形ひずみの極めて少

写真6-8　Bayer Polymers 社の PC、Makrolon AL2647 を使って Exatec 500T システムでつくられた自動車用三角窓
(NPE2003 にて、Bayer Polymers 社展示より)

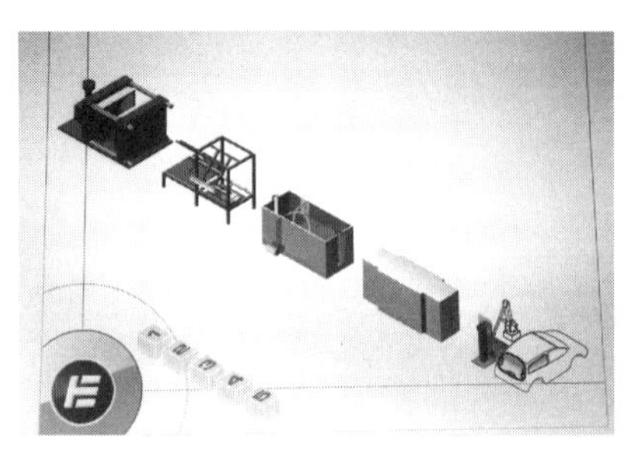

写真6-9　Exatec 500T を構成する、成形、印刷、耐 UV コーティング、プラズマコーティング、組付けの５工程
(NPE2003 にて、EXATEC 社提供 CD より)

ない成形品が得られ、PC 製窓ガラスのような投影面積の大きな製品を、光学的に透明で高い品質で生産することができる。

この射出成形は２段階から成り立っている。最初に IMPmore molding technology によって PC を窓本体に成形し、続いて、その窓本体は金型内で次のキャビティに移され、窓周辺部のシーリング用熱可塑性ゴムが射出成形される。

次に金型から取り出された製品は３次元曲面用の自動スクリーン印刷工程に移される。この３次元スクリーン印刷技術にも EXATEC 社が開発した特許技術が使われ、複雑な形状の窓の印刷に対応できるようにコントロールされている。

印刷工程を終えた製品は、耐紫外線コーティング工程に送られる。まずウエットコーティングによって、紫外線劣化防止剤がコーティングされ、続いて赤外線で加熱キュアリングされる。耐紫外線コーティングを終えた製品は、シリコーン樹脂のプラズマコーティング工程に送られる。これによってガラスと同等の耐摩耗性表面を有する PC 製窓が出来上がる。

このようにしてつくられた製品は、トリミング工程を経て、隣接する自動車組み立てラインに送られ、組み立てライン上で直接車体に取り付けられる。

写真 6-10 は、Exatec 500T を使った PC 製のパノラマ式ルーフシステムとテールゲートエリアのつや消し設計、およびリアサイドウィンドウのライティ

写真 6-10 Exatec 500T を使ったPC製のパノラマ式ルーフシステムとテールゲートエリアのつや消し設計、およびリアサイドウィンドウとライティングの統合例を示すExatec Design Concept 2002
(NPE2003にて、EXATEC社提供)

写真 6-11 アタッチメントが同時成形され、CHSMLとアップリケが統合されたテールゲート/バックライトの例を示すExatec Design Study
(NPE2003にて、EXATEC社提供)

ングの統合などの例を示したExatec Design Concept 2002である。また**写真6-11**は、同じくExatec 500Tを使ったテールゲート/バックライトのExatec Design Studyの一例である。この例では、アタッチメントが同時成形され、CHSMLとアップリケが統合され、部品が集約されている[12]。

EXATEC社は、K 2004でExatec 500Tでつくられた三角窓がFord Focusに採用されたことを公開した他、さらに新しくサンルーフやデフロスター、3次元スクリーン印刷された湾曲した固定窓などをつくるのに適したExatec 900 Systemを公開した。**写真6-12**はExatec 900 Systemでつくられた3次元スクリーン印刷された湾曲した固定窓である[13]。

なお、EXATEC社はGE Plastics社がアラビアのSABIC社に買収されたことによりSABIC社の子会社となり、従来の技術はSABIC Innovation Plastics社に継承された。

Bayer MaterialScience社は、EXATEC社とは別に、独自にPCの自動車部品への応用開発を続けていた。同社は、2004年4月に発売されたsmart for fourのパノラマ式サンルーフ（**写真6-13**）に、同社のPC Makrolon 2677が採用されたとしてK 2004で同社のブースにsmart for fourの新型車を展示していた。このパノラマ式サンルーフは前部と後部から成り立ち、前部はPC製

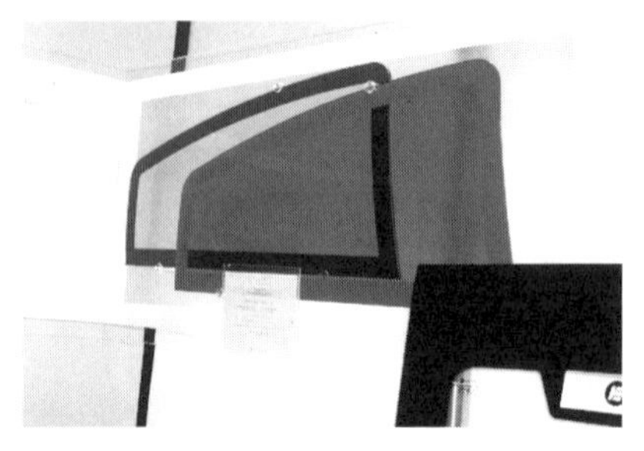

写真6-12　EXATEC社のExatec 900 Systemでつくられた3次元スクリーン印刷された湾曲した固定窓（K2004にて、EXATEC社展示より）

写真6-13　Bayer MaterialScience社のPC、Makrolon 2677でつくられたsmart for fourのパノラマ式サンルーフ（K2004にて、Bayer MaterialScience社提供）

窓ガラス、後部はガラスで組み立てられている。前部のPC製窓ガラスは約1 m^{2}の大きさで、ガラスでつくった場合より6 kgも軽くなっている。また車の後部の固定窓もBayer MaterialScience社のPCでつくられており、この2つのPC製窓の採用で、車の軽量化と重心を低くして運転性能を上げるのに役立っている[14)]。

さらにDaimlerChrysler社の2004年9月発売の新型車では、初期モデルの金属製の鎧板式ルーフに代わって、Bayer MaterialScience社のPC、Makrolon AG 2677でつくられた透明の鎧板を使ったルーフが採用された（**写真6-14**）。この革命的なパノラマ式鎧板サンルーフは約1 m^{2}をカバーし、従来よりも60%もオープンする面積を広くした。5枚のPC製鎧板は、オープン時には一番前の板が風防ガラスの役割を果たし、残りの4枚がルーフの後ろにたたみ込まれて収納される。

透明なグレーに着色されたPC製鎧板は、freeglass GmbH & Co.の2色射出成形機で成形された。最初に板の部分が成形され、続いて鎧版の下の部分に黒色のエッジがバックインジェクションされてつくられた。この板には、耐候性と耐スクラッチ性の向上のためのコーティング処理がなされている[15)]。

NPE2006でBayer MaterialScience社は、屋根全体が透明なPC樹脂でつくられた、zaZenと名付けたコンセプトカーを展示した（**写真6-15**）。この車は、スイスの自動車デザインのスペシャリスト、Rinspeed氏との共同開発車で、

写真 6-14 Bayer MaterialScience 社の PC、Makrolon AG 2677 でつくられた DaimlerChrysler 社の新型 A-クラスのパノラマ式鎧板スライドサンルーフ
(K2004 にて、Bayer MaterialScience 社提供)

写真 6-15 Bayer MaterialScience 社が Rinspeed 氏と共同開発した第 2 作目、屋根全体が透明 PC でつくられた zaZen
(NPE2006 にて、Bayer Material Science 社提供)

第 1 作目の Senso に続いて第 2 作目のコンセプトカーである。この車の滑らかな弧を描く流線形の屋根には、極めて透明で軽量かつ耐衝撃性の高い PC が採用されている。加えてシートシェルも透明な PC でつくられるなど、透明ルーフドームと調和する設計が取り入れられている[16)]。続いて K2007 では第 3 作目として、透明 PC の 6 mm 厚シートでつくられた透明ボディカーeXasis を展示し、同じものを Chinaplas 2008 にも展示するなど、積極的に透明 PC の自動車への応用の可能性を PR していた（**写真 6-16**）[17)]。

Bayer MaterialScience 社は、PC 製の窓ガラス用に新しい IR 吸収性の透明着色剤を開発した。この着色剤は太陽光の赤外線を吸収し、自動車の室内をより涼しく保つことに役立つ。この着色剤は、PC の透明性を害さない程度の薄い色のもので、他の IR 吸収剤より太陽光の放射熱の吸収効果が優れており、さらに内装品を劣化させる紫外線も事実上カットしている。この IR 吸収剤が配合されているグレージング用 PC、Makrolon AG2677 は、smart for two のパノラマサンルーフ（**写真 6-17**）や、Mercedes Benz GL のリアルーフに採用されている[18)]。

また、**写真 6-18** は、窓ガラスやバックライトなどの幾つかの部品を集約して一体成形でつくられた PC 製の単一部品からなるテールゲートモジュールのコンセプトで、Bayer MarerialScience 社が K2010 で公開したものである。こ

写真6-16 Bayer MaterialScience社がRinspeed氏と共同開発した第3作目、透明PCの6mm厚シートでつくられた透明ボディカーeXasis（CP2008にて、Bayer MaterialScience社展示より）

写真6-17 Bayer MaterialScience社のIR吸収性の透明着色剤を配合したPC、Makrolon AG2677でつくられたsmart for twoのパノラマサンルーフ（K2007にて、Bayer MaterialScience社提供）

のテールゲートは、従来のように金属製のキャリアーやガラス窓を装着することは必要なく、スポイラー、ナンバープレート、スタイリングライン、ロゴ用のくぼみなどを、PCの一体成形でつくられた完全なシームレス構造の外装部品である。表面にはシリコーン樹脂コーティングがなされている。不透明な部分は黒色にバックプリントされるか、または2色成形を使ったバックインジェクションでつくられたフレームから成り立っている。バックライトのレンズもこの外装に含まれている。フレームの剛性を保つために金属フレームで補強されているが、全体で最大50%もの軽量化を達成しているという[19)]。

SABIC社はFord社と共同で、SABIC Innovative Plastics（IP）社の新しい自動車用プラスチックをふんだんに使ったコンセプトカー、Ford Lincoln MKTを開発し、NPE 2009で公開した。**写真6-19**は、その車に使われたプラスチックの主なものを示したものであるが、その中で、ルーフとデッキリドにはSABIC IP社のPC、Lexan GLXにExatecコーティング技術でシリコーン樹脂コーティングされた部品が採用されている。また、インスツルメントパネルには同じくPC、Lexan GLXが使われている。その他、フードにはXenoy iQとIXIS（PBT/PC）、フェンダーにはNoryl GTX（PA/変性PPO）、内部配線のコーティングにはFlexible Noryl（変性PPO）、前後のエナージーアブソーバーとデッキリド・アップリケにXenoy iQが使われ、主な基本的構造部

写真 6-18 Bayer MarerialScience社の PC、Makrolon の一体成形でつくられたテールゲートモジュールのコンセプト
(K2010 にて、Bayer Marerial Science 社展示より)

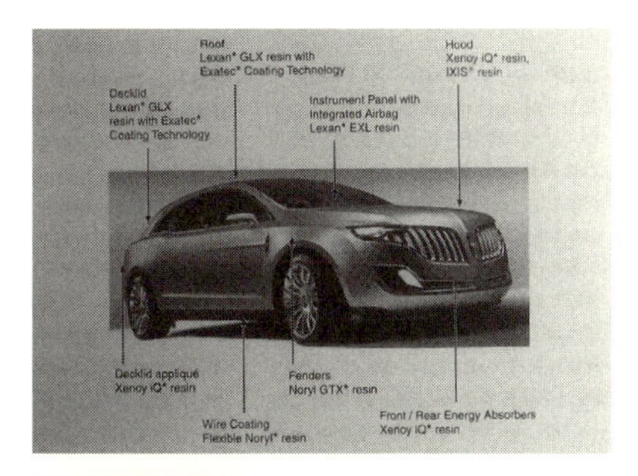

写真 6-19 SABIC Innovative Plastics 社の PC、Lexan GLX 製のルーフなど 6 種類の熱可塑性プラスチックを使った Ford Lincoln MKT コンセプトカー
(NPE2009 にて、SABIC 社展示より)

品に合計 6 種類の SABIC IP 社の熱可塑性プラスチックが使われている[20]。

特殊な用途としては、バスの運転手を乗客の暴漢から守るための、客席と運転席を分ける透明な防護壁として使われている。**写真 6-20** は、SABIC IP 社の Lexan PC シートに Exatec E900 のプラズマ処理によるシリコーン樹脂コーティングされた運転席の防護壁で、カナダの Toronto Transit Commission 社の高速バスに採用された[21]。

さらに特殊な応用例として、空軍の戦闘機の風防カバー（Aircraft Canopy）がある（**写真 6-21**）。従来は PC シートを手製のラミネートで 50～70 mm 厚の乗務員席カバーがつくられていたものを、通常の射出成形に加えて Bulk Injection Molding という新しい成形方法を併用して一気に成形した（**写真 6-22**）。それによって、大幅なコストダウンと製品の均一性を目標としたもので、この時点では開発中のものである。PC は機関銃の弾丸も通さないほどの高い耐衝撃性を持ち、優れた透明性と光透過性を持つことが評価されたもので、成形は Envirotech Molded Products 社が担当した[22]。

写真6-20 SABIC Inovative Plastics社のPC、Laxanシートに Exatec E900のプラズマ処理によるシリコーン樹脂コーティングされたバスの運転席の防護壁
(NPE2009にて、SABIC社展示より)

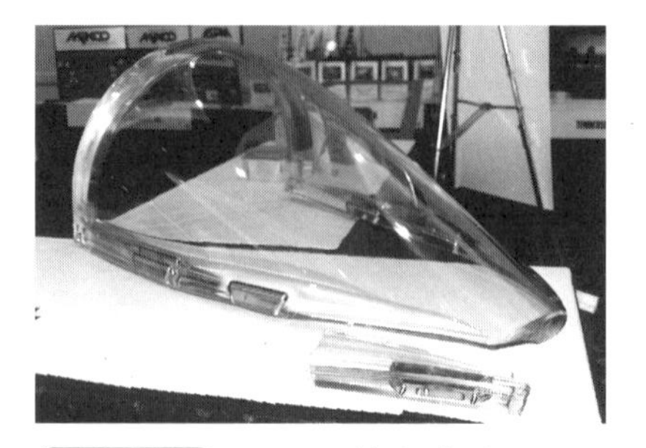

写真6-21 PCの射出成形とBulk Injection Moldingとの併用でつくられたEnvirotech Molded Products社の戦闘機の風防カバー
(SP2003にて、Envirotech Molded Products社展示より)

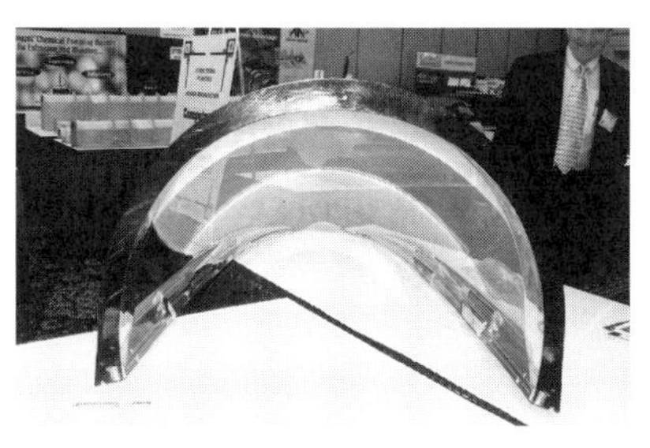

写真6-22 PCの射出成形とBulk Injection Moldingとの併用でつくられた戦闘機の風防カバーの50〜70mmの肉厚
(SP2003にて、Envirotech Molded Products社展示より)

6-4 外装部品への応用

自動車の外装部品としては、多層製品の表面材料として、フィルムあるいはシートの形で使われている。GE Plastics社は、NPE 2003で高いグロスと耐退色性のPCの新グレード、Lexan SLX 2種類を公開した。このグレードはresorcinol arylateをコポリマーの形で主鎖に取り込むことによって、極めて高い耐候性とグロス安定性を有することを特長とする。

Lexan SLX 2431は射出グレードで、光透過性は83%以上、ヘイズは1%以

写真6-23　GE Plastics社のLexan SLXの多層フィルムの熱成形品にXenoy (PBT/PC) 樹脂をバックモールドしてつくられた各種自動車外装部品 (NPE2003にて、GE Plastics社展示より)

写真6-24　GE Plastics社のLexan SLX3層フィルムの熱成形品にXenoy (PBT/PC) 樹脂をバックモールドしてつくられたルーフモジュールを採用した New smart roadster (右)
(NPE2003にて、GE Plastics社提供)

下という低さで、自動車のヘッドランプやレンズなどの光学用途に適している。

もう一つはLexan SLXフィルムで、着色層とクリアー層からなる2〜3層からなる共押出成形でつくられたフィルムで、20 mil (0.51 mm) と30 mil (0.76 mm) との2種類が上市された。これらのフィルムは、あらかじめ最終製品の形に熱成形され、金型内に装着した後、主成分となる樹脂がバックモールドされて最終製品となる。このようにして成形された製品は、表面がクラスAに仕上がっており、塗装仕上げなしで高いグロスを持ち、耐候性や耐スクラッチ性の高い、いわゆるモールデッド･インカラー製品となる (**写真6-23**)。

写真6-24は、New smart roadsterとNew smart roadsteクーペで、そのうちのNew smart roadsterクーペのルーフモジュールは、GE Plastics社の特殊PC、Lexan SLXの共押出成形3層フィルムの熱成形品に、Xenoy (PBT/PC) 樹脂をバックモールドしてつくられたものである。表面は塗装仕上げなしのモールデッド･インカラーでクラスAに仕上げられており、表面グロスはフロリダで10年間の太陽光にさらしたと同等の2,500 kJ/m^{2}のUV照射で、僅か5%しか低下していないという。さらに、塗装仕上げを省略できることから、自動車産業にとって大きなメリットが期待できる[23]。

写真6-25は、Equipment Technologies社の農場で散水するための散水機Apache Sprayerで、そのフロントフードは、同じく特殊PC樹脂、Lexan

写真6-25　SABIC Innovative Plastics社のPC、Laxan SLXを表面に、ABS/PCブレンド樹脂Cycoloyを下層にした共押出成形シートの熱成形でつくられたフロントフードを採用したEquipment Technologies社の散水機Apache Sprayer
（NPE2012にて、SABIC IP社提供）

写真6-26　Bayer MaterialScience社のペーパーハニカム、ガラス繊維マットPUR接着剤、PCフィルムコーティングからなる構造の超軽量ルーフモジュール
（K2010にて、Bayer MaterialScience社展示より）

SLXを表面に、ABS/PCブレンド樹脂、Cycoloyを下層にした共押出成形シートの熱成形でつくられている[24)]。

Bayer MaterialSciense社は、表面に特殊PCフィルムをコーティングした超軽量のルーフモジュールを開発した（**写真6-26**）。その構造は、中心部にペーパーハニカム構造を配し、その上下をガラス繊維マットが挟むサンドイッチ構造を形成し、表面に同社のPCフィルム（Makrofol HFフィルム）がコーティングされている。各層の接着にはPUR系接着剤が用いられ、全体がプレス成形されて、製品となる。このルーフモジュールは、優れた曲げ強度と寸法安定性を有し、熱伝導性も低く、重量は4.5 kg/m^2にすぎない。この超軽量ルーフモジュールは、あらゆる自動車の燃費低減に役立つが、特に電気自動車や燃料電池車に有望とされている[25)]。

6-5　PC系ブレンド樹脂の応用

PCは他のプラスチックとの相溶性が良く、前述のようにABS/PCブレンド樹脂やPBT/PCブレンド樹脂、PET/PCブレンド樹脂などが開発されている。

これらの樹脂は、双方の特徴を生かしながら、それぞれの欠点を補う形の材料として、自動車部品にも広く利用されている。

ABS/PCブレンド樹脂については4-4項で、PBT/PCブレンド樹脂については5-3項で、PET/PCブレンド樹脂については5-5項で述べているので、そちらを参考にされたい。

参考文献

1）舊橋章：製品開発に役立つプラスチック材料入門、日刊工業新聞社、2005年9月30日発行、p.84～88
2）舊橋章：K '92に見るプラスチック材料の最新動向、プラスチックスエージ、1993年3月号、p. 170～171
3）舊橋章：K '92に見るプラスチック材料の最新動向、プラスチックスエージ、1993年3月号、p. 168
4）舊橋章：K '2001レポート、プラスチックスエージ、2002年2月号、p. 112～113
5）舊橋章：NPE2006レポートⅡ、プラスチックスエージ、2006年11月号、p. 106～107
6）舊橋章：K '2010レポートⅡ、プラスチックスエージ、2011年4月号、p. 93
7）舊橋章：NPE '97レポート、プラスチックスエージ、1997年10月号、p. 135
8）舊橋章：プラスチック開発海外情報19、オールプラスチックカーボデイカーを目指す欧米の小型車（Ⅰ）、MCC社のsmart、工業材料、1999年6月号p. 111～114
9）舊橋章：プラスチック開発海外情報73、ポリカーボネート誕生50周年を迎えたBayer社、GE社の開発状況（Ⅲ）、工業材料、2004年2月号、p. 76
10）舊橋章：NPE2003レポート、プラスチックスエージ、2003年10月号、p. 96～97
11）舊橋章：プラスチック開発海外情報73、工業材料、2004年2月号、p. 77～79
12）舊橋章：プラスチック開発情報73、工業材料、2004年2月号、p. 77
13）舊橋章：K2004レポートⅡ、プラスチックスエージ、2005年3月号、p. 122～123
14）舊橋章：K2004レポートⅡ、プラスチックスエージ、2005年3月号、p. 121
15）舊橋章：K2004レポートⅡ、プラスチックスエージ、2005年3月号、p. 121～122
16）舊橋章：NPE2006レポートⅡ、プラスチックスエージ、2006年11月号、p. 106
17）舊橋章：Chinaplas2008レポート、プラスチックスエージ、2008年8月号、p. 99

18) 舊橋章：K2007 レポートⅠ、プラスチックスエージ、2008 年 2 月号、p. 126～127
19) 舊橋章：K2010 レポートⅡ、プラスチックスエージ、2011 年 8 月号、p. 92～93
20) 舊橋章：NPE2009 レポートⅡ、プラスチックスエージ、2009 年 11 月号、p. 86～87
21) 舊橋章：NPE2009 レポートⅡ、プラスチックスエージ、2009 年 11 月号、p. 88
22) 舊橋章：SPI Structural Plastics 2003―応用開発進む超大型成形製品、プラスチックスエージ、2003 年 9 月号、p. 129～130
23) 舊橋章：プラスチック開発海外情報 72、工業材料、2004 年 1 月号、p. 101～102
24) 舊橋章：NPE2012 レポート(2)、プラスチックスエージ、2012 年 9 月号、p. 92～93
25) 舊橋章：K2010 レポートⅡ、プラスチックスエージ、2011 年 4 月号、p. 93

第7章 ポリエーテル系プラスチックと自動車部品への応用

7-1 ポリエーテル系プラスチックの種類と特長[1)]

ポリエーテル系プラスチックには、—CH_2—O—CH_2—の化学構造を主成分とする脂肪族系のポリオキシメチレン（POM）と、ベンゼン核のような芳香族化合物を酸素（—O—）で結んだ芳香族系のポリフェニレン・エーテル（PPE）などがある。また、酸素の代わりに硫黄（—S—）で結んだチオエーテル系のポリフェニレン・サルファイド（PPS）もある。その他、ポリサルホン（PSF）、ポリエーテルサルフォン（PES）、ポリエーテル・ケトン類（PEEK、PEK）など、ごく特殊なプラスチックもある。

共通の欠点は、耐紫外線性が弱いことで、直射日光にさらされるところで使用される場合は、メッキや塗装、あるいは充填材などで紫外線から保護する必要がある。結晶性のものや非結晶性のものなど、その特長はそれぞれの樹脂により異なるのでそれぞれの項に記す。

7-2 ポリオキシメチレン（POM）

1）ポリオキシメチレンの特長

ポリオキシメチレンは、ポリアセタールとも呼ばれ、唯一の脂肪族系ポリエーテルである。メタノールを酸化してできるホルムアルデヒドを原料としてつくられるホモポリマーと、ホルムアルデヒドの3量体であるトリオキサンとエチレンオキサイドなどの共重合でつくられるコポリマーとがある。

POMは極めて高い結晶性を有し、ホモポリマーでは、比重1.42、融点175～179℃、ガラス転移点－50℃を、またコポリマーでは、比重1.41、融点165℃、ガラス転移点－60℃を示す。常温付近における機械的強度は高く、特に耐疲労強度や耐摩耗性に優れ、歯車には最適である。耐油性、耐薬品性も良く、酸やアルカリ、熱水による加水分解は起こりにくいが、高濃度の強酸や強アルカリには加水分解される。

最大の欠点は、耐熱劣化性と耐候性が劣ることで、そのため、長期間の実用最高温度の目安とされるUL規格の温度指数TIは105～115℃と、融点に比べて低くランクされている。また、高い結晶性のため、成形時の寸法収縮が大きく寸法精度を出し難く、成形に際して特別な技術を必要とする[2)]。

自動車部品としては、ウォーターバルブ、ラジエータードレーンコック、ドアロック、トラバースカム、ベアリング、インナーおよびアウタードアハンドル、スピードメーターパーツ、ウォッシャーポンプノズルなどに使われている。

2）揮発性物質に対する規制強化対応改良グレードの開発

2000年前半から強化された揮発性物質に対する規制の強化で、従来のグレードでは十分な対応が難しくなり、これらの欠点を改良するため、特殊な配合のグレードが開発されてきた。

例えば、DuPont Engineering Polymers社は、NPE2006で同社のPOM、Delrinの6種類の改良グレ－ドを開発、公開した。

改良された分野の一つは、自動車に要求される揮発性成分の少ないグレードで、自動車内装部品やドア部品として使われる。このグレードには3種類あり、高粘度で、剛性、強靭性、クリープ特性が最もバランスの取れたグレード、Delrin 100PE、中粘度の汎用グレードで、流動性と物性が程よく調和したグレード、Delrin 500PE、さらに中粘度で優れた耐摩耗性と最適の流動性と物性の調和の取れたグレードDelrin 527UVEの3種類で、これらのグレードは、従来の相当品と比較して、揮発性物質の放出が90％も減少し、ホルムアルデヒドの放出は1.0 ppm以下となっている。

耐候性と成形性を改良したのがDelrin 327UVで、中程度の粘度で、成形サイクルが短く、ヒケやソリが従来より少なくなっている。耐紫外線性についても、室内の紫外線にさらされる程度では、美しい表面を保持することができる程度に改良されている。

さらに、Delrin 100TLとDelrin 500MPの2グレードは、歯車など耐摩耗性、耐摩擦特性を必要とする用途向けに改良されたものである。Delrin 100TLは、従来より耐摩耗、耐摩擦特性が改良されている上に、優れた耐衝撃性と破断点伸びを持っている。Delrin 500MPは、耐摩耗、耐摩擦特性の改良とともに、軋み性も改良されたグレードである[3]。

他のPOMメーカーも同様な改良で対応している。

3）歯車への応用

POMは自動車部品の歯車としてもワイパー内の歯車など、数多く使われてきた。POM製の歯車は、耐摩耗性や対摩擦特性に優れ、耐疲労強度も高く、長時間の使用に耐えることができる。**写真7-1**は、DuPont Engineering Polymers社の改良グレードDelrin 100TLでつくられた自動車部品用の歯車である[4]。

また**写真7-2**は、東北ムネカタ(株)によって、POMのガス･アシスト射出成形でつくられた自動車部品用のギア付きトラバースカムである。この種のカムは従来金属製のカムシャフトと歯車を別々につくって組み立てていたが、それをPOMのガス･アシスト射出成形を使って、一体成形でつくったもので、大幅なコストダウンと軽量化に役立っている[5]。

写真7-1　DuPont Engineering Polymers社の耐摩耗性、耐摩擦特性を改良したDelrin 100TLでつくられた自動車部品用歯車
（NPE 2006にて、DuPont Engineering Polymers社提供）

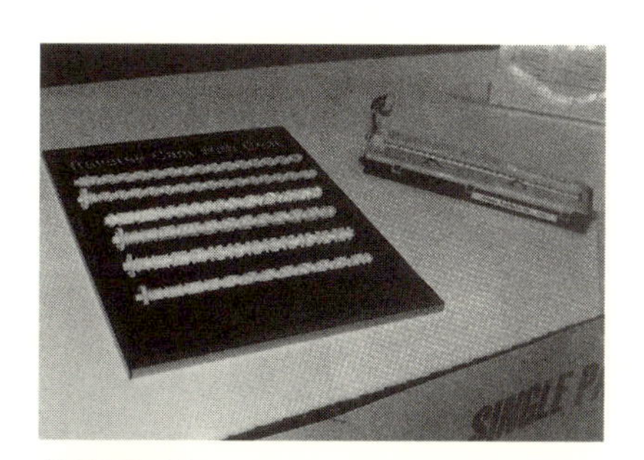

写真7-2　POMのガス･アシスト射出成形で一体成形されたギア付きトラバースカム
（SP'99にて東北ムネカタ㈱展示より）

写真 7–3　Ticona 社の POM、Hostaform でつくられた自動車の燃料供給システムの解説パネル
（Chinaplas 2008 にて、Ticona 社展示より）

4）燃料供給ユニットへの応用

POM は耐油性が高く、特に燃料油に対して高い寸法安定性を有する。このような性質を利用して、燃料供給ユニットとして利用されている。このユニットは燃料タンク内に設置され、タンクに蓄えられた燃料をエンジンに供給する役割を持つ。したがって、燃料内にどっぷり漬かった状態で使われるので、POM のような燃料油の中で寸法が安定した樹脂が必要となる。**写真 7–3** は Ticona 社が Chinaplas 2008 で展示した POM 製の燃料供給システムの解説パネルで、同社のシステムは、世界のリーダーとなっているとのことである[6)]。

5）ドアハンドルへの応用

ドアハンドルはドアの開閉のたびに繰返し応力が加えられる。そのため、対疲労強度の高い POM が使用されてきた。しかし、POM は耐紫外線性が弱く、直射日光にさらされるハンドルはそのままでは使用できないので、多くはメッキされて使用されてきた。Ticona 社は、特殊配合のクローム色に原料着色された POM、 Hostaform Meta LX を開発し、メッキを省略したドアハンドルを開発した（**写真 7–4**）。成形後のメッキを省略することによって、ドア１個当たり１ドル、車１台で４ドルのコストダウンになっている。このハンドルは、

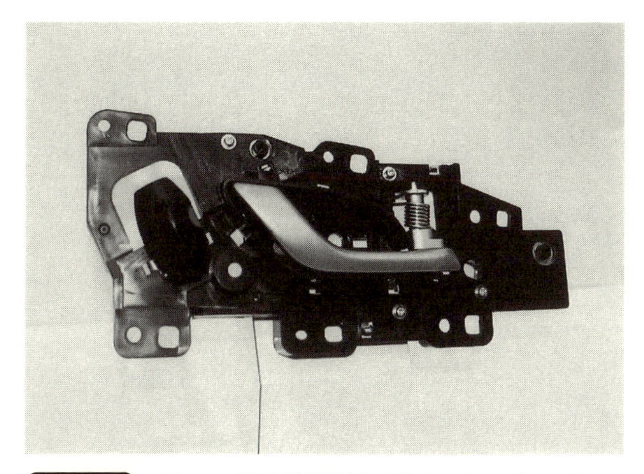

写真 7-4　Ticona 社の特殊配合 POM、Hostaform Meta LX でつくられたメッキなしのドアハンドル（K 2010 にて、Ticona 社展示より）

Ford 社他幾つかの車に採用されている[7]。

7-3　ポリフェニレン・エーテル（PPE）

1）ポリフェニレン・エーテルの特長[8]

ポリフェニレン・エーテル（PPE）は、2, 6-ジメチル・キシレノールを縮合重合してつくられ、ベンゼン核を—O—でつないだ形の芳香族エーテルである。しかし、PPE 単独ではプラスチック材料としてはほとんど使われず、ポリスチレン（PS）とのブレンドやグラフトによる変性 PPE として使われている。PPE は非結晶性で、ガラス転移点が約 220 ℃、一方 PS のガラス転移点は約 100 ℃にあるが、溶融状態で混合すると任意の割合で混ぜることができ、それぞれの成分の量に比例したガラス転移点を持つブレンド樹脂ができる。

変性 PPE は、機械的強度、電気特性に優れ、耐熱性も実用上 120 ℃程度までのものが市販されている。自己消化性で、加水分解されず、成形収縮も少なく、寸法精度、寸法安定性も良い。反面、耐油性が低く、非結晶性プラスチックの欠点であるストレスクラックや有機溶剤によるクラックなどが起きやすい。また耐候性は劣るので、屋外での使用には紫外線対策が必要となる。変性

写真7-5 変性PPEのブロー成形でつくられたTVアンテナを組み込んだCustom Van用のリアスポイラー（SP'92にて、Agri-Industrial Plastics社展示より）

PPEのトップメーカーであるGE Plastics社（現SABIC Innovative Plastics社）は、変性PPEをNoryl PPOの商品名で上市している。

2）リアスポイラーへ応用

変性PPEはブロー成形に適していることから、1990年代前半には、ブロー成形によるリアスポイラーとして用いられた（**写真7-5**）。しかし、ブロー成形の欠点として表面特性が劣り、自動車外装部品として要求されるクラスAの表面に仕上げるためには、表面の研磨と何層にもなる塗装仕上げを必要としたことから、コスト高になっていた。その後、1990年代中頃から普及してきたガス･アシスト射出成形によって、簡単に表面特性がクラスAの中空体を製造することができるようになり[9)]、プラスチックもより安価なABS樹脂に替わっていった（第4章、写真4-6参照）。

3）インスツルメントパネル･キャリアーへの応用

GE Plastics社のNoryl PPOは、機械的強度が高く優れた剛性を有し、寸法精度、寸法安定性が良いことから、インスツルメントパネル･キャリアーとして使われている。**写真7-6**はNoryl PPOでつくられたインスツルメントパネ

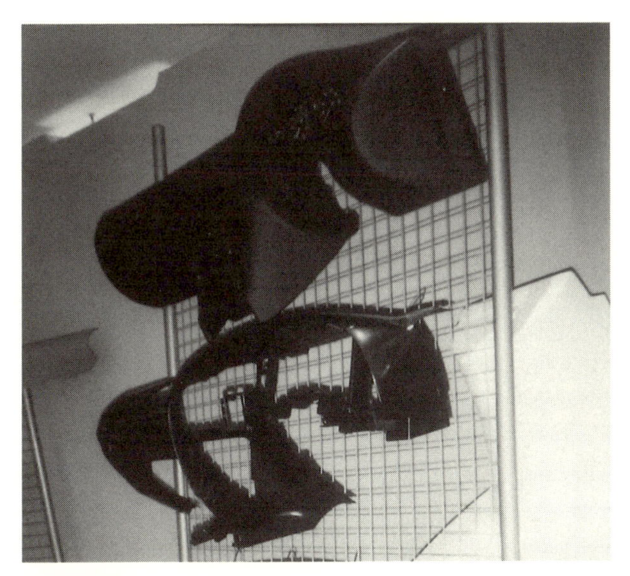

写真 7-6　GE Plastics 社の Noryl PPO の薄肉射出成形による Ford Scorpio のインスツルメントパネル・キャリアー（写真下）と、Noryl PPO に PS をブレンドした発泡製品 Caril でつくられた A.C. ACE スポーツカーのインスツルメントパネル・キャリアー
（K'95 にて、GE Plastics 社展示より）

ル・キャリアーで、写真上は A.C. 社の A.C. ACE スポーツカーに、写真下は Ford Scorpio に使われたものである[10]。

写真下の Ford Scorpio のインスツルメントパネル・キャリアーは、2.2 mm 厚の薄肉射出成形による製品で、剛性、寸法安定性、耐スクラッチ性、リサイクル性などに加えて、成形サイクルの向上が評価された。さらに、プライマー処理なしで直接ウレタン塗装できることで、コストダウンにつながることが大きなメリットとなった。

写真上は、Noryl PPO に更にポリスチレンをブレンドしたプラスチックの発泡製品 Caril でつくられたインスツルメントパネル・キャリアーで、A.C. ACE はスポーツカーであることから年産 1,000 台程度の小ロット生産車のため、金型コストの安さから発泡成形が選ばれた。超軽量で、断熱性、寸法安定性、高い衝撃吸収性を持つことが評価されたものである。

写真 7-7　1998 年型 Chrysler Concorde と Dodge Intrepid に採用された GE Plastics 社の Noryl PPO でつくられたインスツルメントパネル
（NPE'97 にて、GE Plastics 社提供）

写真 7-8　GE Plastics 社の Noryl PPO の 1.5 mm 厚という超薄肉射出成形でつくられたインスツルメントパネル・キャリアーのプロトタイプ
（NPE 2000 にて、GE Plastics 社提供）

Noryl PPO 製のインスツルメントパネル・キャリアーは、その後も多くの車に採用されてきた。日本の車にもトヨタ自動車(株)の Tacoma（日本名エスティマ）やホンダ技研工業(株)の Odyssey、日産自動車(株)の Stagia などにフィラー入り PP に代わって採用されている。**写真 7-7** は、Chrysler Concorde と Dodge Intrepid の '98 年型に採用された Noryl PPO でつくられたソフト・インスツルメントパネルで、従来の PP 製インスツルメントパネルに多発していた振動や雑音に対するクレームを解消し、材料、成形サイクル、組み立てなどの各コストを大幅に低減することに役立っている[11]。

自動車メーカーの 部品の軽量化とコストダウンに対する要請から、薄肉成形の必要性はますます高まっていった。GE Plastics 社は OA 機器ハウジングなどで確立した薄肉成形技術を自動車部品へも活用し、NPE2000 で、従来の 2.2 mm 厚よりさらに薄肉の 1.5 mm 厚の Noryl PPO 製のインスツルメントパネル・キャリアーを開発展示した。**写真 7-8** は、America VW 社向けの Noryl PPO 製の超薄肉射出成形でつくられた 1.5 mm 厚のインスツルメントパネル・キャリアーである。同社は更にコストダウンや重量軽減を目指した、新しいインスツルメントパネル・キャリアーのプロトタイプを PR していた[12]。

7-4 変性PPE/PAブレンド樹脂

1) 変性PPE/PAブレンド樹脂の特長

変性PPEは、非結晶性で寸法精度、寸法安定性が良い半面、耐油性が低く、ストレスクラックや有機溶剤によるクラックなどを起こしやすい。一方、ポリアミド（PA）は、結晶性で優れた強度を有する上に、耐熱性や耐油性に優れ、有機溶剤にも侵されにくいが、吸水性で、吸水すると膨順して寸法が変わるなど、寸法精度が劣る[13]。そこで、この両者をブレンドして両者の特長を生かし、欠点を補うためにつくられたのが変性PPEとPAとのブレンド樹脂である。しかし、変性PPEとPAは水と油のようで、PPEとPSとのような相溶性がなく、単にブレンドしただけでは均一な材料にはならない。そこで両者を結び付ける接着剤の役目をするバインダーの助けを借りて両者を結び付け、均一な材料としたのが変性PPE/PAブレンド樹脂である。

変性PPE/PAブレンド樹脂は、強度に優れ、耐油性や耐熱性、寸法安定性も良く、自動車の外装材としてオンライン・インライン塗装工程にも耐えられるので、古くからフロントフェンダーなどに金属製外板に代わって使われてきた。

2) 外板材への応用[14]

自動車の外装パネルを金属からプラスチックに変える際に、従来からの塗装ラインで、そのまま焼付け塗装できるプラスチックパネルがあれば、金属製外板からプラスチック製外板への変換がより容易になる。この自動車業界の要望に熱可塑性プラスチックとして最初に応えたのが、GE Plastics社が1985年に発売した変性PPE/PAブレンド樹脂Noryl GTXである。同社は1985年、英国のバーミンガム市で開催されたInterplas'85で、170℃オンライン塗装の可能な熱可塑性プラスチックとして、変性PPEとPA6.6とのブレンド樹脂Noryl GTXを発表した（**写真7-9**）。それ以来、GM社のBuick Reattaのフロントフェンダー他、多くのフロントフェンダーやリアフェンダーなどに採用されてきた（**写真7-10**）。中でもGM社がオールプラスチックカーを目指して

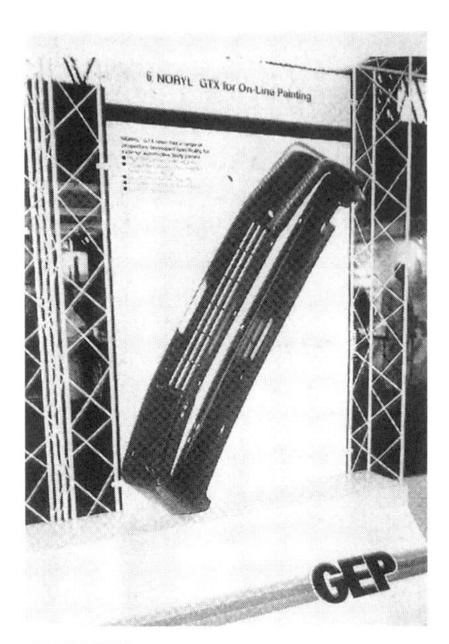

写真 7-9　GE Plastics 社がオンライン塗装可能な樹脂として発表した変性 PPE/PA6.6 ブレンド樹脂 Noryl GTX 製のフロントグリル
（Interplas'85 にて、GE Plastics 社展示より）

写真 7-10　GM 社の Buick Reatta のフロントフェンダー（上）の他、多くの車に採用された Noryl GTX（変性 PPE/PA6.6 ブレンド樹脂）製のフロントフェンダー
（K'89 にて、GE Plastics 社展示より）

1990 年に発売した小型大衆車 Saturn のフロントフェンダーとリアコーターパネルに GE Plastics 社の Noryl GTX が採用されて注目された（**写真 7-11**）。

1997 年以降では Mercedes Benz 社が開発した小型車 A クラス（**写真 7-12**）は、そのフロントフェンダーとテールゲートのアウターパネルに Noryl GTX964 を採用している（**写真 7-13**）。また、Renault Clio のフロントフェンダーにも Noryl GTX964 が採用されている。さらに 1998 年 3 月に米国で発売された VW 社の new beetle（**写真 7-14**）は、そのレトロなスタイルを基に新しいデザインを採用したことから、発売以来爆発的な売れ行きを示してきたが、その新しいデザインは、Noryl GTX964 をフロントおよびリアフェンダーに採用することによって、初めて達成されたと言われている。1998 年秋には欧州でも売り出され、売れ行きが予想以上に良いことから当初の年産 10 万台の予

写真 7-11 GE Plastics 社の Noryl GTX（変性 PPE/PA6.6 ブレンド樹脂）でつくられたフロントフェンダーとリアコーターパネルを採用した GM 社の小型大衆車 Saturn クーペ
（Interplas'90 にて、GE Plastics 社提供）

写真 7-12 フロントフェンダーとテールゲートに GE Plastics 社の Noryl GTX964（変性 PPE/PA6.6 ブレンド樹脂）を採用した Mercedes Benz A クラス
（K'98 にて、GE Plastics 社提供）

写真 7-13 GE Plastics 社の Noryl GTX964（変性 PPE/PA6.6 ブレンド樹脂）製の各種外装部品。左上：Mercedes Benz A クラスのフロントフェンダー、下：Mercedes Benz A クラスのバックパネル、左中：Renault Clio のフロントフェンダー
（K'98 にて、GE Plastics 社展示より）

写真 7-14 フロントフェンダーに GE Plastics 社の Noryl GTX964（変性 PPE/PA6.6 ブレンド樹脂）を採用した VW 社の new beetle
（K'98 にて、GE Plastics 社展示より）

定が16万台に増やされた。

GE Plastics社は、さらに導電性のNoryl GTX974を開発した。このグレードでつくられたフロントフェンダーは、電着塗装から車体と同時焼付けのオンライン・インライン塗装が可能となる。これによって、車体とのカラーマッチングが容易になり、コストダウンにつながった。Renault社のMegane Scenic（**写真7-15**）は、欧州メーカーとして初めてフロントフェンダーにこの導電性のNoryl GTX974を採用し、電着塗装から車体と同時焼付けのオンライン・インライン塗装で生産された。この車は、'97年の欧州のカー・オブ・ザ・イヤーを受賞し、年産12万台の生産が続けられた。同じくRunault社のNew Clio（**写真7-16**）も、フロントフェンダーに導電性のNoryl GTX974を採用し、e-coatの前処理としての導電性プライマー塗装工程なしで、電着塗装から車体と同時焼付けのオンライン・インライン塗装で、年産40万台の量産を達成した。このフェンダーは従来のスチール製フロントフェンダーに比べて、約50％の軽量化を達成し、Megane Scenicと同様に'97年度の欧州カー・オブ・ザ・イヤーを受賞している。

なお、ボディパネルの塗装工程の概略を**図7-1**に示す。Noryl GTX964とNoryl GTX601は電着塗装前に導電性プライマーの塗装が必要なのに対し、

写真7-15　フロントフェンダーに導電性のNoryl GTX974（変性PPE/PA6.6ブレンド樹脂）を採用し、車体と同時焼付け塗装されたRenault社のMegane Scenic
（K'98にて、GE Plastics社提供）

写真7-16　フロントフェンダーに導電性のNoryl GTX974（変性PPE/PA6.6ブレンド樹脂）を採用し電着塗装から車体と同時焼付け塗装されたRenault社のNew Clio
（K'98にて、GE Plastics社提供）

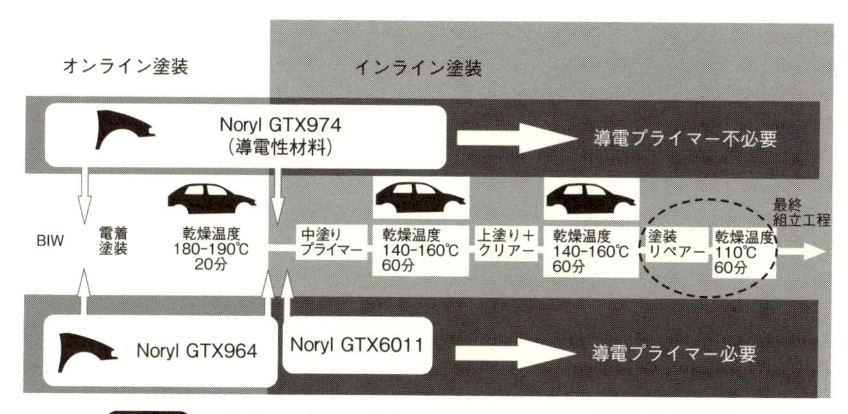

図 7-1　ボディパネルの塗装工程（GE Plastics Japan 社提供）

Noryl GTX974 は導電性で導電性プライマーの塗装が必要ないグレードである。

GE Plastics 社から引き継いだ SABIC Innovation Plastics 社は、さらに寸法安定性を改良した Noryl GTX98 シリーズを開発した。このグレードは、従来のグレードより線膨張係数が 20～40 %も低く、寸法安定性が良い。そのため、より大型のボディパネルをつくることができるだけでなく、従来より高温でオンライン･インライン塗装ができる。したがって、トラックや大型の SUV などの外装板も、金属から Noryl GTX98 シリーズに置き換えることが期待される。このシリーズには、Noryl GTX987 と同 989 の 2 種類が市販された。**写真 7-17** は Noryl GTX987 でつくられた Runault Clio と Chery A3CC のフロントフェンダーである[15)]。

7-5　特殊エーテル系プラスチック

1）芳香族ポリサルホン系プラスチック

芳香族ポリサルホンは、主鎖がベンゼン核をエーテル結合（―O―）でつないだフェニレンエーテルとサルホン結合（―SO_2―）でつないだフェニレンサルホンとからなる形のポリマーで、ポリサルホン（PSF）とポリエーテルサルホン（PES）とがある。PSF、PES 共に非結晶性の琥珀色透明の樹脂で、ガラス転移点は PSF が 190 ℃、PES が 225 ℃、UL の温度指数 TI は、PSF が 160 ℃、

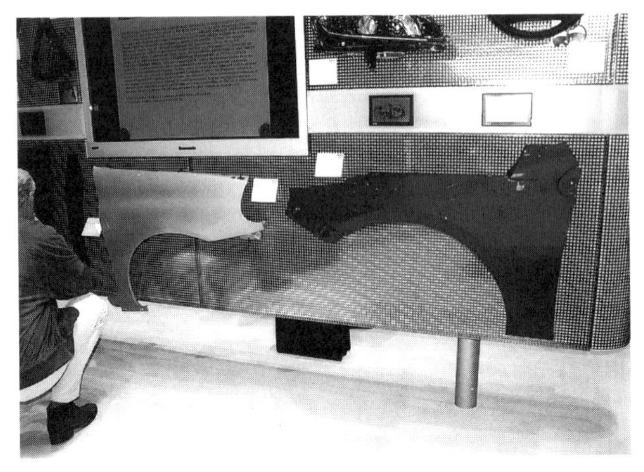

写真 7-17　寸法安定性を高くしたSABIC Innovation Plastics社のNoryl GTX987（変性PPE/PA6.6ブレンド樹脂）でつくられたRunault ClioとChery A3CCのフロントフェンダー
（K 2010にて、SABIC IP社展示より）

PESが190℃を示す耐熱性のプラスチックである。広い温度範囲でPCに次ぐ優れた機械的強度を有し、寸法精度、寸法安定性、電気特性、耐熱安定性に優れ、難燃性で、特にPCと異なり加水分解性がなく、酸、アルカリ、スチームなどに耐える。欠点としては非結晶性プラスチックに共通した耐ストレスクラック性や耐候性の弱さが挙げられる。自動車部品に使うには高価で、コストメリットが少ない。

自動車部品としては、主にガラスに代わってヒューズケースとして使われている他、ダイナモ、イグニッション、ベアリングリテイナーなどの部品として使われている[16]。

2) ポリエーテル・ケトン類

ポリエーテル・ケトン類は、主鎖がベンゼン核をエーテル結合でつないだフェニレンエーテル（E）と、ケトン結合（—CO—）でつないだフェニレンケトン（K）を組み合わせた構造からなるポリマーで、ICI社が開発したVICTREX PEEKや、BASF社が開発したULTRAPEK（PEKEKK）などが

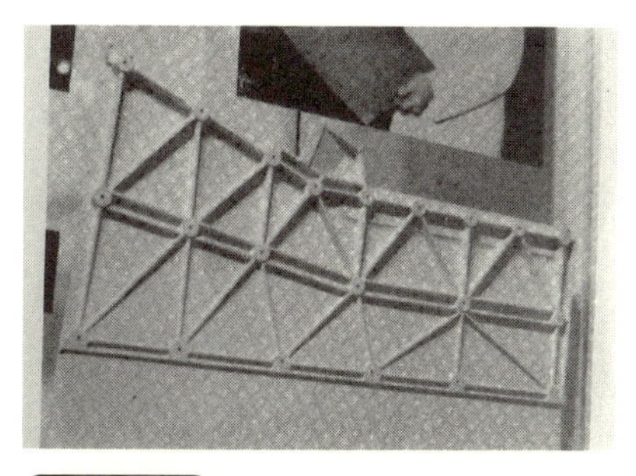

写真 7-18 ICI 社の Victrex PEEK でつくられたBoeing 社の旅客機のエンジンフェアリング
(Interplas'87 にて、ICI 社展示より)

写真 7-19 ICI 社の Victrex PEEK と長繊維 CF とでつくられた熱可塑性 ACM、APC-2 製の部品を採用した軍用機のモデル
(K-86 にて、ICI 社展示より)

市販されている。

PEEK は、結晶性で比重 1.30、融点 334 ℃、ガラス転移点 143 ℃を示す超耐熱性の熱可塑性プラスチックで、加水分解性はなく、耐熱性は UL の温度指数 TI では 220～240 ℃にも達し、400 ℃でも 1 時間以上も特性が変化しないという耐熱性を有している。難燃性で強靭な機械的強度を持つ。耐薬品性も極めて優れ、濃硫酸や一部の有機溶剤でソルベントクラックを発生する以外は、ほとんどの薬品に侵されない。

このような高性能にもかかわらず、その高価格ゆえに当初は航空機部品に使われた。**写真 7-18** は、Interplas'87 に展示された Boeing 社の旅客機のエンジンフェアリングである。 また、長繊維 CF と PEEK でつくられた熱可塑性の ACM（アドバンスド・コンポジット・マテリアル）APC-2 は、長繊維 CF/エポキシ樹脂系の ACM より強靭で、弾丸が当たった時の破損がより少ないとして、軍用機の部品に使われた（**写真 7-19**）。その後、特殊な金属部品を置き換えることによって、いわゆるコストパフォーマンスの高さが評価され、**図 7-2** に示すような多くの部品に採用されている。Victrex PEEK はICI社が開発したが、現在は Victrex MC 社が開発、販売を担当している[17]。

3）ポリフェニレン・サルファイド（PPS）

酸素の代わりに硫黄で炭素と炭素を結合した（—C—S—C—）構造は、チオ

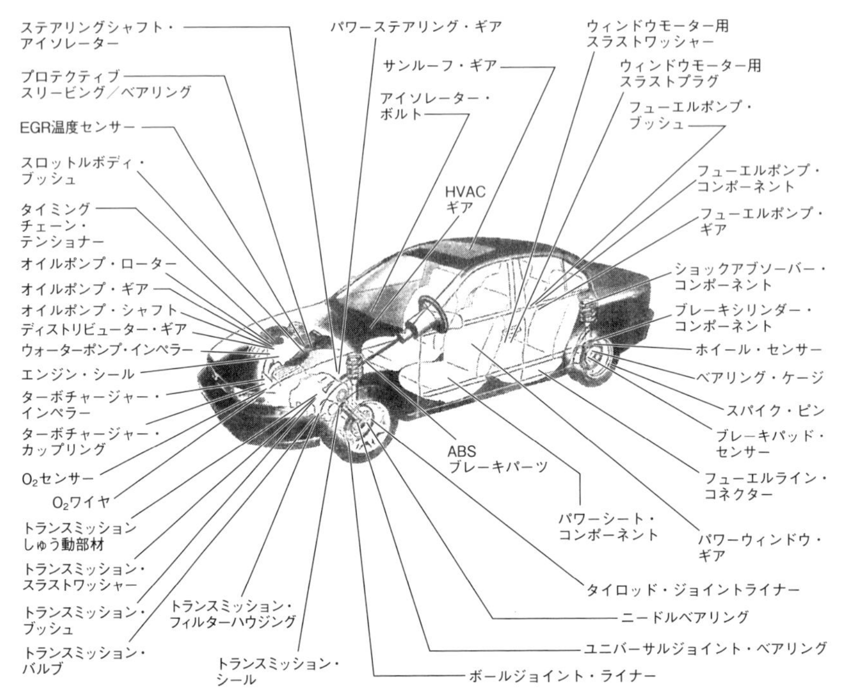

図7-2　自動車部品に採用されたPEEK製部品（Victrex MC社提供）

エーテル結合と呼ばれ、主鎖がフェニレン基を硫黄で連結した構造のポリマーがポリフェニレン･サルファイド（PPS）と呼ばれる樹脂である。PPSは結晶性で、融点282〜290℃，ガラス転移点85℃を有するポリマーで、そのままでプラスチックとして使われることはほとんどなく、ガラス繊維やタルク、クレーなどの無機質充填材を多量に配合した複合強化プラスチックとして使われている。

複合PPSは比重が1.5〜2.0とプラスチックとしては最も高い部類に属する。しかし、耐熱性が極めて高く、ULの温度指数TIは最高240℃にも達する。耐薬品性はふっ素樹脂に次いで高く、強酸化剤や高濃度の強酸以外の薬品には侵されない。加水分解性もなく、寸法精度は結晶性プラスチックの中では最も良い。

一方で、熱可塑性ではあるが、高温で酸素の存在下で架橋反応を起こし、部分的に熱硬化性プラスチックのような挙動をする。これは、硫黄原子がポリサルフォンの場合の六価と異なり、二価しか使われておらず、残りの四価が反応するためである。樹脂メーカーは、配合などを改良して架橋反応し難いグレードも開発している。さらに、硬くてやや脆く、着色性や外観が劣り、プラスチック特有の軽量感がなく、はんだが付き難いなどの欠点がある[18]。

自動車用部品としては、排ガス循環モジュレーター、電装ターミナル、アクチベーター、キャブレーターバルブ、バッテリーハウジング、ガソリンポンプオリフィス、スロットルボディ、ウォーターポンプインペラー、同プーリー、ABSブラッシュホルダーなどに使われている。**写真7-20**は、PPS製のLEDポジションランプを組み込んだヘッドランプで、PPSの耐熱性や熱伝導性、寸法精度の良さが評価された[19]。

新しく開発されたのは、ブロー成形のできるPPSである。Ticona社はK 2010で、同社のFortron PPSのブロー成形でつくられたチャージエアーパイプを公開した（**写真7-21**）。このパイプは、Rochling社でつくられたもので、200～210℃の高温に耐え、VW社の車に採用されて量産されているという。このPPSのブロー成形でつくられたチャージエアーパイプは、SPE E. A.Award 2009のGrand Awardを受賞している。また**写真7-22**は、Mercedes Benz Eクラスのエンジンで、そのターボチャージャーのエアーインテーク・マニホールドにはTicona社のFortron PPSでつくられた各種成形

写真7-20　出光PPS製のLEDポジションランプを組み込んだ自動車のヘッドランプ
（Chinaplas 2009にて、出光興産㈱展示より）

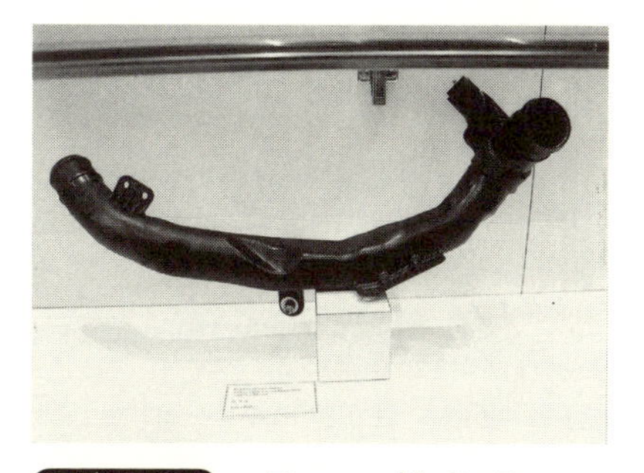

写真7-21　Ticona社のFortron PPSのブロー成形でつくられたチャージエアーパイプ
（K 2010にて、Ticona社展示より）

写真 7-22　Ticona 社の Fortron PPS の各種成形品でつくられたターボチャージャー用エアーインテークマニホールドを組み込んだ Mercedes E クラスのエンジン
(K 2010 にて、Ticona 社展示より)

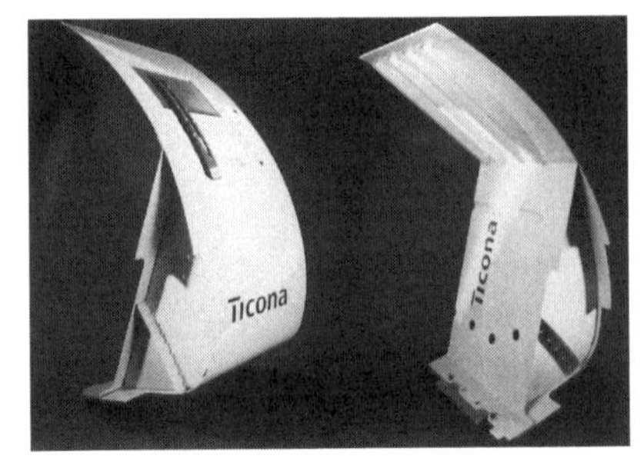

写真 7-23　Ticona 社のガラス長繊維強化 PPS コンポジットの射出成形でつくられた Airbus 340、500 および 600 シリーズの主翼部品
(K 2001 にて、Ticona 社提供)

品が組み込まれている[20)]。

PPS はガラス長繊維やカーボン長繊維強化による長繊維強化熱可塑性樹脂コンポジットにも使われている。**写真 7-23** は、Ticona 社が開発したガラス長繊維強化 PPS コンポジットの射出成形でつくられた Airbus 340、500 および 600 シリーズの主翼の部品で、胴体と第一エンジンの間に使われている。従来のアルミニウム製より 20 % の軽量化と組み立て時間の短縮、コストの削減に成功している。さらに Airbus 社は、カーボン繊維強化 PPS コンポジット製の部品を、Airbus 380 などの後継機種に採用する方向で検討している[21)]。

参考文献

1) 舊橋章：製品開発に役立つプラスチック材料入門、日刊工業新聞社、2005 年 9 月 30 日発行、p. 92
2) 舊橋章：製品開発に役立つプラスチック材料入門、日刊工業新聞社、2005 年 9 月 30 日発行、p. 93～95
3) 舊橋章：NPE2006 レポート(1)、プラスチックスエージ、2006 年 10 月号、p. 120～121
4) 舊橋章：NPE2006 レポート(1)、プラスチックスエージ、2006 年 10 月号、p. 121
5) 舊橋章：SPI Structural Plastics ‘99、プラスチックスエージ、1996 年 9 月号、p.

105
6）舊橋章：Chinaplas 2008 レポート、プラスチックスエージ、2008 年 8 月号、p. 100～101
7）舊橋章：K 2010 レポートⅡ、プラスチックスエージ、2011 年 4 月号、p. 92
8）舊橋章：製品開発に役立つプラスチック材料入門、日刊工業新聞社、2005 年 9 月 30 日発行、p. 96～98
9）舊橋章：実践 高付加価値プラスチック成形法、日刊工業新聞社、2008 年 3 月 25 日発行、p. 9～11
10）舊橋章：K '95 レポート、プラスチックスエージ、1996 年 2 月号、p. 139
11）舊橋章：NPE '97 レポート、プラスチックスエージ、1997 年 10 月号、p. 138
12）舊橋章：NPE 2000 レポート、プラスチックスエージ、2000 年 10 月号、p. 129
13）舊橋章：製品開発に役立つプラスチック材料入門、日刊工業新聞社、2005 年 9 月 30 日発行、p. 110～111
14）舊橋章：プラスチック開発海外情報 22、工業材料、1999 年 9 月号、p. 93～96
15）舊橋章：K 2010 レポートⅠ、プラスチックスエージ、2011 年 3 月号、p. 81～82
16）舊橋章：製品開発に役立つプラスチック材料入門、日刊工業新聞社、2005 年 9 月 30 日発行、p. 99～101
17）舊橋章：プラスチック開発海外情報 61、工業材料、2003 年 1 月号、p. 71～75
18）舊橋章：製品開発に役立つプラスチック材料入門、日刊工業新聞社、2005 年 9 月 30 日発行、p. 105～106
19）舊橋章：Chinaplas 2009 レポート、プラスチックスエージ、2009 年 9 月号、p. 77～78
20）舊橋章：K 2010 レポートⅡ、プラスチックスエージ、2011 年 4 月号、p. 92
21）舊橋章：K 2001 レポートⅡ、プラスチックスエージ、2002 年 3 月号、p. 114～115

第8章

ポリアミド系プラスチックと自動車部品への応用

8-1 ポリアミド系プラスチックの種類と特長[1)]

ポリアミド系プラスチック（PA）はナイロンとも呼ばれ、主鎖の化学構造としてアミド結合（—NH—CO—）を持つ結晶性のポリマーで、アミノ基—NH_2とカルボン酸（—CO—OH）から水分子（H_2O）が取れた形をしている。したがって、水分子の存在下で酸や強アルカリが触媒となって加水分解され、元のアミノ基と有機酸に分解される。結晶性で、強度、耐熱性、耐油性、耐摩耗性などに優れているが、吸水性が高く、吸水すると軟らかく強靭になる反面、寸法や強度が変化する。PAの特性は分子内のアミド結合の濃度によって左右され、アミド結合の濃度が高いほどPAとしての特長が現われる。自動車部品としては古くからアンダーフードで使われる部品に採用されてきた。

ポリアミドには、主鎖が—CH_2—からなる脂肪族ポリアミドと、主鎖にベンゼン核を含む芳香族ポリアミドとがある。脂肪族ポリアミドは、PA6、PA11、PA12などのように1個の数字で表されるグループと、PA6.6、PA6.10、PA6.12、PA4.6のような2個の数字で表されるグループとがある。PAlのグループは、—[NH—$(CH_2)_{l-1}$—CO]$_n$—の構造を持ち、1つの分子にアミノ基とカルボン酸を持つ1つのモノマーからつくられ、数値は単位構造内のCの数を表している。一方、PA$l.m$のグループは、アミノ基を2個持つジアミンとカルボン酸基を2個持つ二塩基酸との2種のモノマーの縮合重合によって得られ、—[NH—$(CH_2)l$—NH—CO—$(CH_2)_{m-2}$—CO]$_n$—の構造を持ち、数値はそれぞれのモノマーのCの数を表している。Cの数が多くなるほどアミド結合の濃度は低くなり、PAとしての特長が薄くなる。例えばPA6とPA12とでは、融点は前者が220℃で後者は180℃となり、吸水率は前者が10.2%で後者は1.5

％となる。PA6.6とPA6.12とでは、融点はそれぞれ255℃と212℃、吸水率は8.5％と3.0％になる。

芳香族PAはPA*l.m*のグループに属するが、その構成するモノマーに、一方または双方がベンゼン核を含むグループで、前者を半芳香族PA、後者を芳香族PAと呼んでいる。半芳香族PAは、例えばPA6Tのように表され、6は脂肪族モノマー内のCの数、Tは芳香族モノマーのテレフタル酸を表している。主鎖にベンゼン核が入ることによって、耐熱性や強度、耐油性など性能が高くなる反面、価格も高くなる。モノマーを構成する双方が芳香族化合物からなるPAは芳香族PAあるいはアラミド呼ばれ、Kevlarやテクノーラなど特殊繊維として使われており、極めて高い耐熱性や高い強度からタイヤコードなどの補強繊維や、ACM（アドバンスド･コンポジット･マテリアル）の材料として用いられている。

8-2 冷却水系システムへの応用

冷却水系システムには、エンジンの燃焼に伴って発生した熱を水で冷やす機構と、それによって温められた冷却水を放熱するラジエーターとがあるが、PA製品は、その両方に用いられてきた。

ラジエーター回りでは、ラジエーターの上下に設置されるラジエータータンク、冷却用のクーリングファン、ファンを支えるファンシュラウドなどにPA製品が、その高い耐熱性、耐油性、耐薬品性、強度などから使われてきた。

写真8-1は、Rhodia Polyamide社の耐熱PAコンパウンドTechnyl A218 HP35 BKでつくられたインタークーラーで、従来の耐熱PAやPPSを置き換えたものである[2]。

また**写真8-2**は、Interplas'99で第4回のPRW Awardsに出展されて部門賞を受賞したTextron Automotive UK社が開発したRiTec-reservoir Integration Technologyでつくられたフロントエンドである。この製品は、ラジエーターファンシュラウド、冷却水オーバーフローリザーバー、およびウィンドウ洗浄システムを単一の成形品に集約したもので、PA6のブロー成形による一体成形でつくられている。この一体成形品は、アンダーボンネットの空

写真8-1 Rhodia Polyamide社の耐熱PAコンパウンドTechnyl A218 HP35 BKでつくられたインタークーラー
(Chinaplas 2009にて、Rhodia Polyamide社展示より)

写真8-2 Textron Automotive UK社のPA6のブロー成形によるRiTec-reservoir Integration Technologyでつくられたフロントエンド
(Interplas'99にて、PRW社提供)

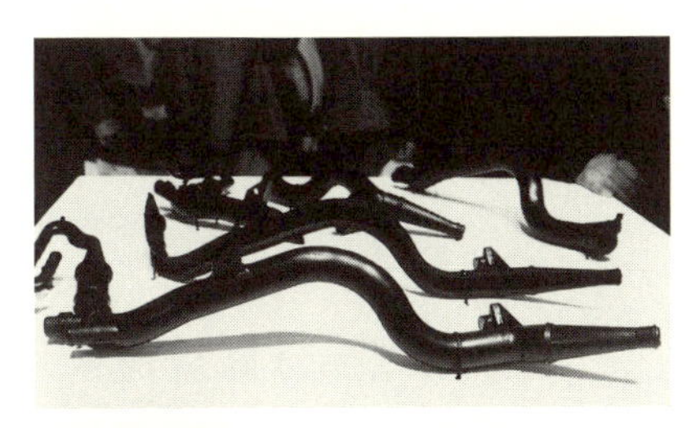

写真8-3 BASF社のPA6.6 Ultramide A3HG6 WITのWater Assist Injection Moldingでつくられたエンジン冷却用パイプ
(K2007にて、Scami Imola社展示より)

写真8-4 BASF社のPA6.6 Ultramide A3 HG6 WITのWater Assist Injection Moldingでつくられた冷却パイプを装置したAudi A5のディーゼルエンジン
(K2007にて、Scami Imola社展示より)

間を効率よく使い、軽量化、組み立て時間の短縮、金型コストの低減、開発から量産までのリードタイムの短縮などに役立っている[3]。

エンジン冷却用のパイプには、2000年中頃から実用化が進んだWater Assist Injection Molding (WAIM)[4]でつくられたPA製パイプが使われている。**写真8-3**は、イタリアのScami Imola社がBM Biraghi社のWater Assist Injection成形装置、Sintesi 430/2300成形システムを使って、BASF社のGF30％入りPA6.6のWAIM専用グレードUltramid A3 HG6 WITでつくられたエンジン冷却用パイプである。成形サイクルは35秒以下という短さで、パイプの内面は滑らかで水の流れが良く、多くの性能テストで優れた結果を出している。**写真8-4**は、そのパイプを装着したAudi A5のディーゼルエンジ

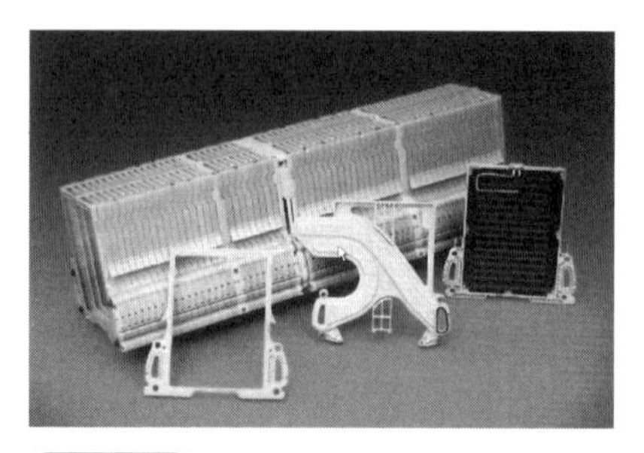

写真8-5　BASF社のPA、Ultramide 1503-2F製のRepeating Frame（写真右）などプラスチック製部品を組み込んだGM社のChevy Volt Battery（NPE2012にて、BASF社提供）

写真8-6　BASF社のPA、Ultramide 1503-2FでつくられたGM社のChevy Volt Batteryの冷却水循環型のRepeating Frame（NPE2012にて、BASF社展示より）

ンで、ヨーロッパでは環境対策としてディーゼルエンジンを搭載した乗用車が普及しており、そのエンジンの軽量化のために冷却パイプの樹脂化が必要条件となっている[5)]。

写真8-5はGM社のChevy Volt Batteryで、その冷却水循環装置、Repeating Frame（**写真8-6**）はBASF社のPA Ultramid 1503-2Fでつくられている。このグレードは、PAの中でも耐加水分解性に優れ、長期間冷却水を循環させても異常をきたさない。極めて高い耐クリープ性、PAとしては優れた寸法安定性が組み立ての効率を高め、長期間の使用を可能にする。金属製のフレームに比べて大幅に軽量化されており、自動車の軽量化に貢献することができる[6)]。

8-3　エアーインテーク・マニホールドへの応用

エアーインテーク・マニホールドは、エンジンでガソリンを燃焼させるために各シリンダーに空気を送り込むためのパイプで、従来はアルミニウムのダイキャスト製品が使われていた。それが樹脂化されたのは、1972年Porscheの小型シリーズにBASF社の溶融中子法によるPA製のエアーインテーク・マニホールドが採用されたのが始まりである[7)]。エアーインテーク・マニホールドは、エンジン回りの部品としては比較的大きな部品で、プラスチック化による軽量

写真 8-7　BASF 社の PA6.6 のロストコア法でつくられ Audi 社の量産車に採用されたエアーインテーク・マニホールド
（NPE'88 にて、BASF 社展示より）

写真 8-8　Bayer 社の PA を使ったビスマス系合金でつくられたロストコア法による Ford 社向けに量産されたエアーインテーク・マニホールド
（Interplas'90 にて、Bayer 社展示より）

化の効果が大きく、内面の平滑性向上による燃焼効率の向上も期待され、大きな期待が寄せられた。

エアーインテーク・マニホールドは、1 本のパイプで送られてきた空気を、エンジンのシリンダーの数に分割して各シリンダー内に送り込むため、複雑に曲がった構造のパイプ状の形状をしている。そのため通常の射出成形では中子（コア）を引き出すことができなくなる。そこで中子（コア）に用いる金属に、製品となる樹脂より融点の低いスズ系の合金などを使い、射出成形後に中子ごと製品を取り出し、樹脂の融点より低い温度で中子を溶かし出すことによって、複雑な構造のパイプ状の成形品を得るという方法が考案された。この成形方法は溶融中子方式（ロストコア法、またはフューザブルメタルコア法）と呼ばれ、BASF 社が開発に力を入れ、1988 年ごろから量産車に採用されていった。**写真 8-7** は BASF 社が 1988 年の NPE'88 で公開した、PA6.6 のロストコア法でつくられたエアーインテーク・マニホールドで、Audi の量産車に採用されたものである[8]。Bayer 社もビスマス系の合金を使ったコアを開発し、Ford 社の量産車に採用されたとして、Interplas'90 で**写真 8-8** のようなインテーク・マニホールドを展示していた[9]。1990 年代に入って、ロストコア法による PA 製エアーインテーク・マニホールドは、より複雑な構造をしたものもつくられるようになってきた。**写真 8-9** は BASF 社の PA6.6 のロストコア法でつくられたエアーインテーク・マニホールドを採用した BMW'91 年型 525i のエンジンで、

写真8-9　BASF社のPA6.6のロストコア法でつくられたエアーインテーク・マニホールドを装着したBMW'91年型525iのエンジン
(NPE'91にて、BASF社展示より)

写真8-10　BASF社のGF30％入りPA6.6のロストコア法でつくられた北米のOLDSMOBILE AURORA V-8エンジンに採用されたエアーインテーク・マニホールド
(NPE'94にて、BASF社展示より)

NPE'91でBASF社が公開したものである[10)]。

さらに、**写真8-10**は北アメリカでOLDSMOBILE AURORA V-8エンジンに初めて採用されたもので、これもBASF社のGF入りPA6.6のロストコア法でつくられている[11)]。DuPont社も、P-8項に述べたようにChrysler社のNEONに同社のGF33％入りPA6.6のロストコア法によるインテーク・マニホールドの採用に成功している（写真P-19参照）。このエアーインテーク・マニホールドは2,000 ccのエンジンに取り付けられ、アルミニウム製に比べて60％の重量減と、内面の平滑さからくる空気の流れの改良によるエンジン性能の向上に役立っている。同社は1992年にもGM用のPA製のセパレートタイプのエアーインテーク・マニホールドを開発し、65％の重量減と45％のコストダウンに成功している。これらは共にSPEの自動車部門のPower train category賞を受賞している[12)]。

しかし、ロストコア法による量産化が進むにつれて、その生産性の悪さとコストの高さが大きな欠点として明らかになってきた。この方式では、一度成形された製品をコアごと加熱し、コアを溶融させた後、再度コアに成形しなければならない。その分、熱効率が悪くエネルギーコストがかさむ上に、生産性も良くない。加えて、コアに使われた金属が予想以上に酸化されやすく、成形のたびにロスが出ることがコストをより高くした。その結果、プラスチック化のメリットが大幅に減ってしまった。

写真8-11 GF入りPA6.6の射出成形部品2個を振動融着によって接合するTwo Shell法でつくられたFord 2,200 ccディーゼルエンジン用のエアーインテーク・マニホールド
(Interplas'93にて、Branson社展示より)

写真8-12 GF入りPA6.6の射出成形部品2個を振動融着で接合するTwo Shell法でつくられた、より複雑な形状のエアーインテーク・マニホールド
(NPE'94にて、Branson社展示より)

写真8-13 DuPont社のGF入りPA6.6を使ってTwo Shell法でつくられたエアーインテーク・マニホールド。上：PSA-Peugeot社、下：GM社
(Interplas'93にて、DuPont社展示より)

1993年になって、射出成形でつくられた2個の部品を、振動融着によって一体化して複雑な形状のパイプ状のエアーインテーク・マニホールドをつくる技術が開発された。振動融着装置メーカーのBranson社は、エアーインテーク・マニホールドを2つに割った形の部品を射出成形でつくり、それらを合わせて振動融着によって結合して製品を得るTwo Shell法と呼ばれる振動融着法を開発し、Interplas'93で公開した。**写真8-11**は、Branson社のTwo Shell法でつくられたFord社の2,200 ccディーゼルエンジンに採用されたGF強化PA6.6製のエアーインテーク・マニホールドである[13]。

初期の製品は、形状の比較的簡単な製品の生産に採用されたが、開発が進むにつれて、**写真8-12**のようなより複雑な形状の製品もTwo Shell法でつくられるようになった[14]。**写真8-13**はDuPont社のGF強化PA6.6のTwo Shell法でつくられたPSA-Peugeot社（写真上）やGM社（写真下）のセパレート

写真 8-14 DSM社のStanyl PA4.6を使ったTwo Shell法でつくられたインテーク・マニホールドを装着したPSA-Peugeot社のEGR付き12Vディーゼルエンジン
（K'95にて、DSM社展示より）

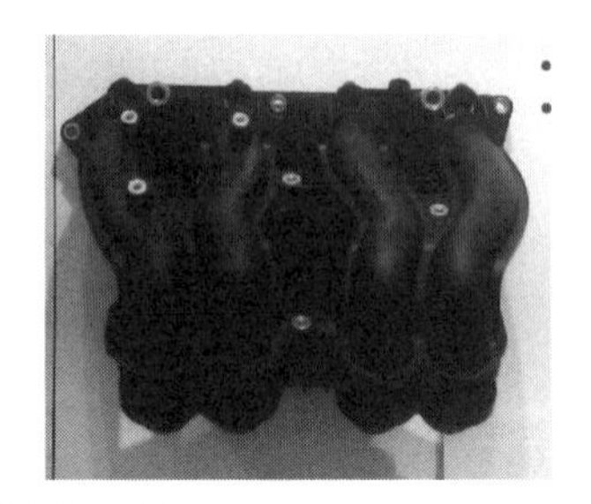

写真 8-15 Bayer社のGF30 %入りPA6のMulti-Shell Technologyによって成形されたMercedes Benzのエアーインテーク・マニホールド
（NPE'97にて、Bayer社展示より）

タイプのエアーインテーク・マニホールドである[15]。特に耐熱性を要求されるPSA Peugeot社のEGR付き12Vディーゼルエンジン（**写真 8-14**）のエアーインテーク・マニホールドには、耐熱性の高いDSM社のStanyl PA4.6を使ったTwo Shell法によるエアーインテーク・マニホールドが採用されている[16]。PA4.6は、脂肪族PAの中では295 ℃という高い融点を持っているが、振動融着法で接合させることに支障はない。

NPE'97で、Bayer社はMulti-Shell Technologyと名付けた振動融着法によってつくられたエアーインテーク・マニホールドを公開した[17]。この新しい技術は、従来の2個の射出成形部品を振動融着するTwo Shell法から、さらに進んで3個あるいはそれ以上の部品を振動融着で接合する技術である。**写真 8-15**は、Mercedes Benzに採用されたエアーインテーク・マニホールドで、Multi-Shell Technologyによってつくられ、振動融着用に改良されたBayer社のGF30 %入りPA6, Durethan BKV KU2-2140/30が使われている。従来のTwo Shell法では高度に複雑な形状の製品はつくれないとされていたが、Multi-Shell Technologyによってより複雑な形状の製品も製造可能となり、部品の集約化とコストダウンに貢献している。

BASF社も同じNPE'97で、3個の射出成形部品を振動融着法で接合してつくられた**写真 8-16**のようなエアーインテーク・マニホールドを公開している。

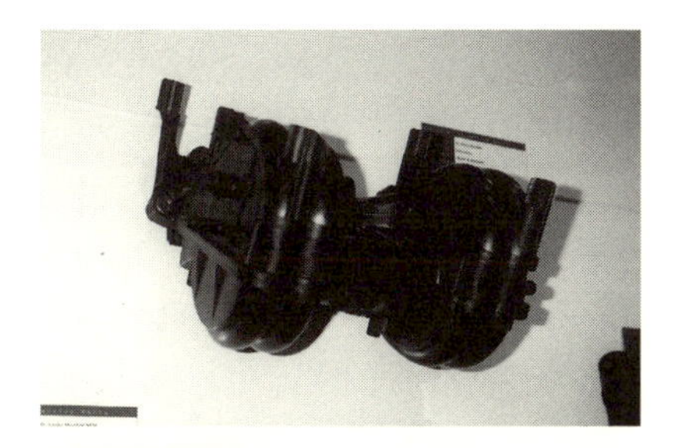

写真8-16　BASF 社の PA6, Ultramide B3 WG7 の３個の射出成形部品の振動融着法でつくられた VW 社向けのエアーインテーク・マニホールド
（NPE'97 にて、BASF 社展示より）

写真8-17　bielomatik 社の振動融着法によってつくられた PA 製の各種エアーインテーク・マニホールド
（Interplas'99 にて、bielomatik 社展示より）

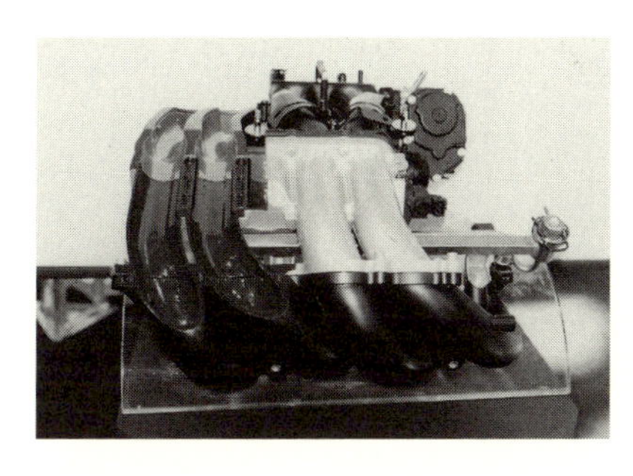

写真8-18　ロストコア法、振動融着法、回転コア式射出成形法の３種類の成形方法を使ってつくられた Siemens Automotive Systems 社の VW 社向けのエアーインテーク・マニホールド
（Interplas'99 にて、PRW 社展示より）

VW 社向けにつくられたもので、BASF 社の PA6 Ultramid B3 WG7 が使われている[16]。

振動融着法によるエアーインテーク・マニホールドの成形技術は、Branson 社以外にも開発が進められており、例えば bielomatik 社も多くの開発実績を公開している（**写真 8-17**）[18]。

もう一つのエアーインテーク・マニホールドの成形技術として、金型内でコアを回転させながら幾つかの部品をつくって、金型内で融着させるという回転コア式射出成形法も実用化された。**写真 8-18** は、Siemens Automotive Systems 社が VW 社向けに開発したエアーインテーク・マニホールドで、ロストコア法、3 個の射出成形部品の振動融着法、および回転コア式射出成形法の 3 方法を使ってつくられ、極めて複雑な構造上の要求を満たしている[19]。

8-4 吸気系部品モジュールへの応用

エアーインテーク・マニホールドが金属からPAに変わることによって、もともとPA6.6などでつくられていたシリンダーヘッドカバーなどと一体化して、吸気系部品のモジュール化が進んできた。BMW社が初めてPA製のエアーインテーク・マニホールドを量産車に採用したのは1990年であったが、1998年には吸気系を中心とした多機能部品の樹脂化とモジュール化に成功し、BMWディーゼルエンジンシリーズに採用している。

写真8-19はPA製吸気系多機能部品モジュールを採用したBMW社のディーゼルエンジンで、K'98でBASF社によって公開された。**写真8-20**は、その主要部品のうちの3点を示したものである。写真下の部品はGF25％と無機フィラー15％入りPA6.6 Ultramid A3WGM53の射出成形でつくられたシリンダーヘッドカバーで、エンジンのオイルベアリングパーツとして、およびエアーフィルターボックスの半分として機能している。この部品の中心部にはマルチステージ・オイルセパレーション・システムが配置されている。写真上の部品

写真8-19　BASF社の各種PAでつくられた吸気系多機能モジュールを採用したBMW社のディーゼルエンジン
（K'98にて、BASF社展示より）

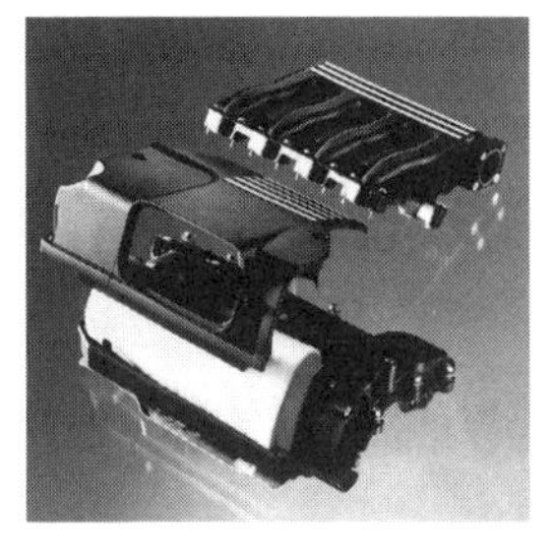

写真8-20　BMWディーゼルエンジンシリーズに採用された吸気系部品モジュールの主要部品
下：シリンダーヘッドカバー（GF25％＋無機フィラー15％入りPA6.6製）
上：エアーインテーク・マニホールド（GF35％入りPA6.6製）
中：モジュールカバー（GF＋ミネラル入りPA6）
（K'98にて、BASF社提供）

は、GF35 %入り PA6.6 Ultramid A3HG7の射出成形-振動融着法によってつくられたエアーインテーク・マニホールドである。写真中央はこれらの部品を組み立てた時のカバーで、外観と防音を兼ねたもので、GFと無機フィラー入りPA6 Ultramid B3GM24の射出成形でつくられている。BMWでは、このPA製の吸気系部品モジュール化によって、軽量化、組み立て時間の短縮、そしてコストダウンに成功している[20)]。

さらにBMW社は、エンジンのDI（Direct Injection）方式の採用や排気ガスの低公害化、エンジンのコンパクト化などから、吸気系部品モジュールに使われる材料に対しても、より耐熱性の良い材料を要求してきた。BASF社は、これに応えてより耐熱性の高いPA6コンパウンドを開発した。このPA6コンパウンドは、Ultramid B3WG6 black 20560 HPと名付けられ、GF30 %を含み、170 ℃の高温に5000時間以上耐える耐熱性を有している。**写真8-21**は、この耐熱PA6コンパウンドでつくられたBMW 320Dおよび520D用の4サイクル2,000 ccのDIディーゼルエンジンに採用されたマルチファンクショナル・インテグレイテッド・エアーインテーク・マニホールドである。BASF社は、この新しい耐熱PA6コンパウンドによって、従来GF入りPA6.6やGFを大量に含んだPA6などでつくられていたエアーインテーク・マニホールドは、順次この新しいグレードに置き換わるものとみている[21)]。**写真8-22**は、DaimlerChrysler

写真8-21 BASF社の耐熱PA6, Ultramid HPでつくられたBMW320Dおよび520D用の4サイクル2,000 cc DIディーゼルエンジン用のマルチファンクショナル・インテグレイテッド・エアーインテーク・マニホールド
（K2001にて、BASF社提供）

写真8-22 DuPont社のZytel PA6でつくられたDaimlerChrysler社のHemi 5,700 cc、V-8エンジンのエアーインダクション・モジュール
（NPE2003にて、DuPont社展示より）

写真 8-23　DuPont 社の GF 強化 PA6.6, Zytel でつくられたエアーインテーク・マニホールドと２個のロッカーカバーを組み込んだ Porshe Cayenne の 4,500 cc、V-8 エンジン
（K2004 にて、DuPont 社展示より）

社の Hemi 5,700 cc V-8 エンジンのエアーインダクション・モジュールで、Siemens Automotive VDO 社によって DuPont 社の Zytel PA6 でつくられている[22)]。

写真 8-23 は Porsche Cayenne の 4,500 cc、V-8 の 450 馬力エンジンで、2.4 トンの車を 5.6 秒で 100 km/hr に加速する能力を持っている。このエンジンをコンパクトに組み立てるのに役立っているのが、DuPont 社の GF 強化 PA6.6, Zytel でつくられた複雑なエアーインテーク・マニホールドと２個のロッカーカバーであるとして、DuPont 社が K2004 でその役割を強調した展示をしていた[23)]。

8-5　オイルパン・モジュールへの応用

PA 系プラスチックは耐油性が高いことから、エンジンの下部に取り付けられるオイルパンとしてもアルミニウム合金や SMC に代わって使われている。

写真 8-24 は Mercedes Actros トラックエンジンの 3,900 cc のオイル・サンプで、BASF 社の GF33 % 入り PA6.6 Ultramid A3 HG7 でつくられた。BASF 社によると、熱可塑性プラスチックでつくられたのは世界で初めてのことという。開発に協力した部品メーカーの Kunststoffechnik Sachsen 社は、SPE の Grand Innovation Award 2003 を受賞している。従来は軽合金や SMC でつくられていたものを、初めて熱可塑性プラスチックに替えるという挑戦に加え、容量を 30 % 増の 39 *l* に増やすという要求も追加されたために、オイル・サンプの壁に膨らみを持たせるという新しい設計を取り入れるなど、困難な開発であったという[24)]。

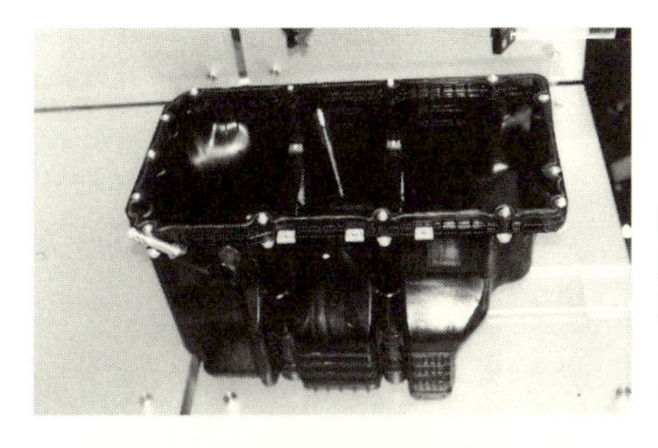

写真 8-24　BASF 社の PA6.6 Ultramid A3HG7 を使って Kunststoffechnike Sachsen 社で開発された Mercedes Actros トラックエンジンの 37 *l* オイルサンプ
（K2004 にて、BASF 社展示より）

写真 8-25　DuPont 社の PPA、Zytel HTN 70 G35 HSLR A4 でつくられた Mercedes Benz C クラスのオイルパン・モジュール
（NPE2009 にて、DuPont 社展示より）

写真 8-26　BASF 社の Ultramid B3ZG7 OSI でつくられた Chrysler グループ向けの 38 度の上り坂にも耐えるオイルパン・モジュール
（NPE2012 にて、BASF 社提供）

DuPont 社は半芳香族 PA 樹脂を使って、Mercedes Benz C クラスのオイルパン・モジュールを開発し、NPE2009 で公開した（**写真 8-25**）。この製品は、新型の 4 サイクルディーゼルエンジン、OM651 型のために開発されたもので、自動車部品メーカーの Bruss 社と Daimler 社と DuPont Automotive 社の 3 社の共同開発によるものである。その構造は、上部のシェルはアルミニウムのダイキャスト製品、下部のシェルが DuPont 社の半芳香族 PA 樹脂、PPA（Polyphthalamide） Zytel HTN 70 G35 HSLR の射出成形製品からなり、全アルミニウム製より 1.1 kg の軽量化を達成している。耐久性についても、150 ℃のホットオイルで 1,000 時間加熱後でも大きなダメージは生じていない。このオイルパン・モジュールは SPE の 2008 年の Most Innovative Use of Plastics Award を受賞している[25]。

写真 8-26 は BASF 社の PA、Ultramid B3 ZG7 OSI の射出成形でつくられた Chrysler 社グループ向けのオイルパン・モジュールで、設計担当の MAHLE

North America 社と3社共同で開発された。PA 樹脂に付けられた OSI は、Optimized for Stone（石の衝撃に対する最高の強度）を意味する。このオイルパンは38度の上り坂にも耐える設計になっており、金属製のオイルパンより41％（3.07 kg）軽量化され、金型コストは50％削減された。ピックアップチューブやボルト、ファスナー、ヴィンテージトレー、パンが一体成形され、従来必要とされていた5つの組立工程が1つに集約されるなど、大幅なコスト削減に役立っている[26)]。

8-6 エンジン回りの金属部品の置き換えを目指す耐熱改良 PA グレード

PA 樹脂の欠点の一つは、融点が高くても高温で長時間使用すると酸化されて劣化することである。

BASF 社は K2010 で、従来の GF 強化 PA6.6 に比べて耐熱劣化性を大幅に改良した新しい GF 強化 PA6.6 グレード、Ultramid Endure を開発上市したことを公開した。このグレードの特長は、220 ℃での長期連続使用温度に耐え、短期的には 240 ℃にも耐えることにある。このような熱劣化に対する抵抗は、成形品の表面が成形後直ちに安定化シールされる特殊な安定化技術によって達成された。加工性も従来の GF 強化 PA6.6 よりも改良され、ウエルドラインの強度もより改良されている。220 ℃における疲労テストでは、3,000 時間経過後も十分な強度を維持し、PPA（Polyphthalamide）などに見られる短時間での強度低下は見られない。したがって部品の肉厚を減らし、成形サイクルを短くすることによるコストダウンにつながる。

これらの特長から Ultramide Endure は、エンジン回りの高温領域における金属部品の置き換え、例えばターボチャージ･ディーゼルエンジンのターボチャージャーやインタークーラーなどへの応用が期待される。**写真 8-27** は、ターボチャージ･ディーゼルエンジンの金属製チャージエアーダクトの置き換えの可能性を示すものである[27)]。

一方 DuPont 社も、高温で長期使用可能な PA グレード Zytel PLUS シリーズ4種類を 2010 年4月に発表したのに加えて、K2010 でさらに3種類の高温耐久性の PA グレードを公開した。その一つは Zytel PLUS の新グレード

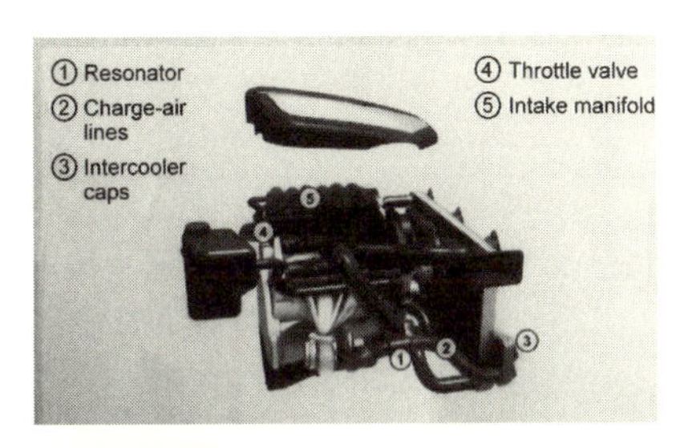

写真 8-27 BASF 社の新 PA グレード Ultramid Endure で応用が期待されるターボチャージ・ディーゼルエンジンの金属製チャージエアーダクトの置き換え
(K2010 にて、BASF 社提供)

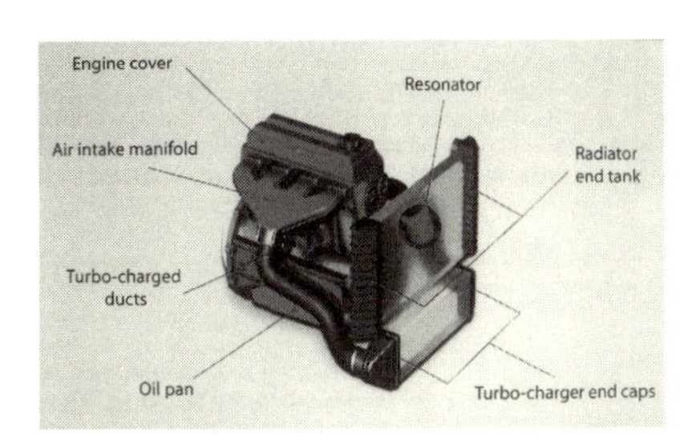

写真 8-28 DuPont 社の新しい耐熱耐久性グレード Zytel PLUS と Zytel HTN92 の応用が期待できるエンジン回りの部品
(K2010 にて、DuPont 社提供)

Zytel PLUS 95G40 DHIT で、他の 2 つは Zytel HTN92 シリーズの PPA (Polyphthalamide) である。

前者は既存のグレードに不足する石による衝撃、耐熱劣化性、耐油性などの要求を満たすために設計されたもので、従来の同種の PA よりも優れた性能を有し、砂利や道路の破片などの衝撃に耐え、しかもシール機能を維持するので、排気マフラーやオイルパンなどの部品をつくるのに用いられる。加えて、このグレードは 150 ℃の高温のオイルに 5,000 時間もさらされても、事実上その性能は低下せず、トランスミッションパン、オイルフィルター・モジュールの他多くのエンジン回りの部品への応用が期待される。

他の 2 つは、Zytel HTN92 シリーズの PPA 樹脂の内、同社の Shield Technorogy によって耐熱劣化性を高めたグレードで、脂肪族 PA のワンステップ上の性能を維持することを特長とする。例えば、230 ℃のエアーオーブン中で 1,000 時間の試験でも、PPA 樹脂の標準グレードの 2 倍の強度を維持し、PPS 樹脂よりも 20〜25 %高い値を保持している。

自動車メーカーは新しい燃費基準や排ガス規制に対応するために、従来の樹脂コンパウンドでは達成できないより高温に耐え、より長寿命で耐薬品性の高い樹脂を、金属製部品を置き換えるために求めている。**写真 8-28** は、これらの新グレードの応用が期待されるエンジン回りの部品を示したものである[28)]。

8-7 マリンエンジンへの応用

米国のマリンエンジンの大手 Mercury Marine 社は、レジャー用大型クルーザーの新型船外機の開発に当たって、カウリングシステムや燃料供給モジュールに PA 他多くの熱可塑性プラスチック製品を採用することによって、高性能のフォーストロークエンジン付きの大型船外機を、より低コストで開発することに成功した[29)]。**写真 8-29** は、SPI Structural Plastics'2004 の New Product Design Competition で、総合優勝の他 4 つの部門賞を受賞した同社の 4 ストロークエンジン付きの新大型船外機である。

特にそのカウエル・アッセンブリーのトップカバーには DuPont 社の GF33 %入り PA6.6 の射出成形品が使われている（**写真 8-30**）。PA6.6 の射出成形製品としては当時世界最大と言われ、縦横 851×582 mm、深さ 417 mm に達する大型製品で、表面はベースコートの上に 2 層のクリアコートでクラス A に仕上げられている。耐候性、耐薬品性に優れており、コスト面では従来の熱硬化性プラスチックの SMC 製品に比べて 46 %のコストダウンに成功している[30)]。

写真 8-29　カウエル・アッセンブリーシステムや燃料供給モジュールに PA 他幾つかの熱可塑性樹脂製品を採用した Mercury Marine 社の 4 ストロークエンジン付きの新大型船外機（SP2004 にて、Mercury Marine 社展示より）

写真 8-30　DuPont 社の GF33 %入り PA6.6 の射出成形でつくられたカウエル・アッセンブリーのトップカバー〔右：射出成形直後、中：ベースコート塗装後、左：ベースコートの上に 2 層のクリアコート仕上げされた製品〕（SP2004 にて、Mercury Marine 社展示より）

写真 8-31 DuPont 社の耐熱 PA、Zytel HTN の射出成形製品を組み込んだ新大型 4 ストロークエンジンのフューエルサプライ・モジュール
（SP2005 にて、Mercury Marine 社講演より）

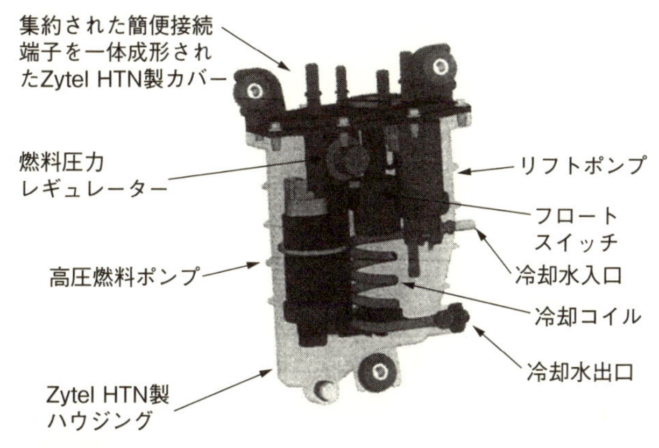

図 8-1 DuPont 社の耐熱 PA、Zytel HTN 製ハウジングと簡便接続端子を組み込んだフューエルサプライ・モジュールの内部構造
（SP2005 にて、Mercury Marine 社講演より）

さらに、このエンジンのフューエルサプライ・モジュール（**写真 8-31**）にはDuPont 社の Zytel HTN 製のハウジングと、簡便接続端子を一体成形されたカバーが採用されている（**図 8-1**）。フューエルサプライ・モジュールは、船の燃料タンクから、吸い上げポンプを使ってガソリンを吸い上げ、船外機内部の高圧ポンプに移し、ガソリンの温度と圧力をコントロールして、エンジンの電子燃料噴射器に供給する役目を果たすものである。従来は 7 種類の金属からつくられた多数の部品から組み立てられており、燃料漏れの可能性のある部分は 40 カ所に達していた。新しく設計されたフューエルサプライ・モジュールは、

カバーにはワンタッチで接続できる端子が集約され、40カ所もあった漏れる可能性のある部分は9カ所に減らされ、マシニング加工は穴のリーマ加工1カ所だけとなり、組み立ても極めて簡単になった。燃料の蒸発は75％も減少し、部品が少なくなったことで使用後の解体やリサイクリングも簡単になった。全重量は1.0 kg（35％）減少し、全体で13％のコストダウンに成功している[31)]。

8-8 燃料系統部品への応用

PAは耐油性に優れ、ガソリンなど燃料の透過率も低いことから、燃料タンクやその輸送パイプなどに使用されてきた。燃料タンクの成形に用いられるブロー成形では、押出機から出てきたパリソンと呼ばれる溶融状態の樹脂を金型で包み、その内部に空気を圧入して金型に押し付けて成形する[32)]。そのため樹脂の溶融状態での粘度が高く、耐熱性が良いことが必要となる。しかしPAは、溶融粘度は高くなく、高温の溶融状態では耐熱性が劣り、空気に触れる表面から劣化してブロー成形がうまくいかない。そのため近年になるまで、PAのブロー成形による燃料タンクはほとんど開発されなかった。そこで燃料タンクの成形に用いられたのがPAモノマーを使った回転RIM（Reaction Injection Molding）成形である。回転RIM成形とは、PA6のモノマーであるε-カプロラクタムと触媒やガラス繊維などの配合物を金型に入れ、金型ごと炉の中に入れて全方向に回転させることによって、遠心力で張り付いた配合物が金型にへばり付いてポリマーとなり、金型を炉から取り出して冷却することによって成形品を得る方法である[33)]。

写真8-32は、DSM RIM Nylon社のゴム質強化PA6コポリマーNYRIMを

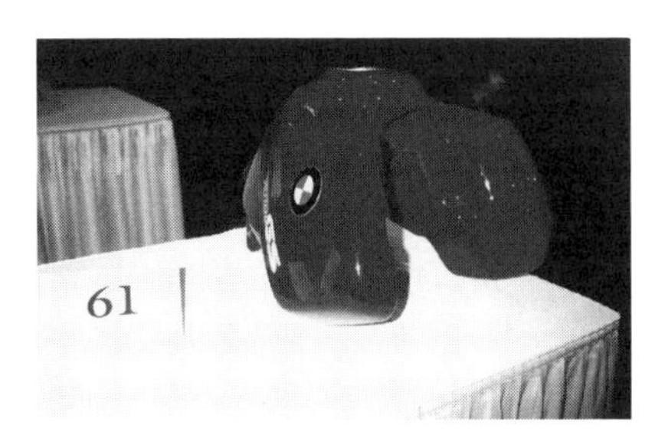

写真8-32 DSM RIM Nylon社のゴム質強化PA6コポリマーNYRIMの回転RIM成形で、Elkamet Kunststofftechnik社でつくられたBMW社向けモーターバイク用燃料タンク
（SP'94にて、Elkamet Kunststofftechnik社展示より）

使って、回転RIM成形で1994年につくられたBMW社のモーターバイク用のガソリンタンクである。成形開発はドイツのElkamet Kunststofftechnik社で行われた。このガソリンタンクは、複雑な形状をしており、通常のブロー成形では成形することができない。高い耐ガソリン透過性を持ち、複雑な形状にもかかわらず肉厚が均一で、耐衝撃性に優れ、さらに塗装性も良く、クラスAの美しい外観の製品となったことが、BMW社によって評価された。加えて、使用後はリサイクルされて、通常のPA樹脂コンパウンドとして射出成形に使用することができる[34)]。

回転RIM成形は、より大型のタンクの成形にも用いられた。**写真8-33**は、同じくDSM RIM Nylon社のGF入りNYRIMの回転RIM成形でつくられたトラクター用の大型燃料タンクである。成形を担当したElkamet Kunststofftechnik社によると、大型で複雑な形状からブロー成形には不適で、金型コストもブロー成形より安く、小ロット生産であることも採用の理由となった。HDPE製のタンクに比べて、多層成形の必要もなく、その結果、リサイクルの問題もない。口金などの付属部品も回転成形時に同時インサート成形ができるなど、総合的にHDPE性タンクよりも有利になっているという[35)]。

2004年には、Rhodia Engineering Plastics社がPAのポリマーを使った回転成形用グレードを開発上市している。Technyl RIM C 207L NaturalとTechnyl RIM C 207 Blackの2種類で、共にPA6系のグレードである。**写真**

写真8-33 DSM RIM Nylon社のGF入りPA6コポリマーNYRIMの回転成形でElkamet Kunststofftechnik社でつくられたトラクター用燃料タンク
(SP'96にて、Elkamet Kunststofftechnik社展示より)

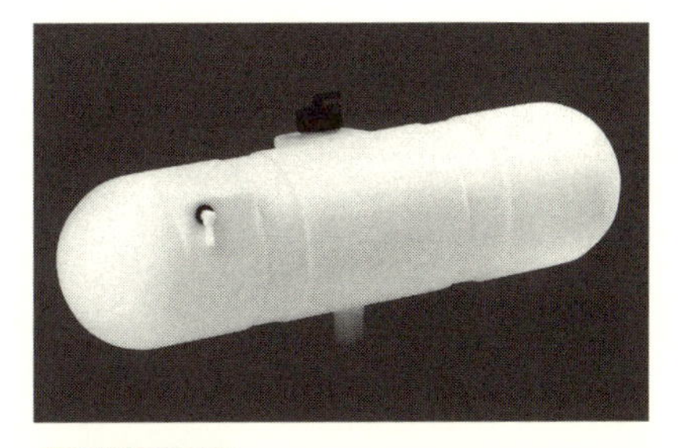

写真8-34 Rhodia Engineering Plastics社のPA6系回転成形グレードTechnyl RTM C 207L Naturalの回転成形でつくられた大型タンク
(K2004にて、Rhodia Engineering Plastics社提供)

写真 8–35　Rhodia 社の PA6 系のブローグレード、Technyl C シリーズのブロー成形でつくられたモーターサイクルの燃料タンク
（K2010 にて、Rhodia 社展示より）

写真 8–36　DuPont 社がウォーター・アシスト射出成形用に開発した PA6.6、Zytel を使って Schneegans Silicon 社によって初めて開発された BMW の 2,000 cc ディーゼルエンジン用のディップスティックガイド
（K2004 にて、DuPont 社提供）

8–34 は、Technyl RIM C 207L Natural の回転成形でつくられた大型タンクである。その他自動車のボディパーツ、各種ハウジングなどへの応用が期待される[36]。

同社は、高溶融粘度、高温耐熱性を改良した PA6 系のブローグレード 3 種類を開発し K2010 で公開した。Technyl C 536XT Natural と Technyl C 548B Black、Tecnyl XC 1440 Black の 3 グレードで、これらは燃料タンク用として HDPE/EVOH 多層ブロー成形タンクより 30 %の重量減、40 %の成形サイクル短縮が可能という。**写真 8–35** は Rhodia 社の Technyl C シリーズのブロー成形でつくられたモーターサイクルの燃料タンクで、複雑な形状にもかかわらず均一な肉厚をしていることを PR していた[37]。

PA は燃料輸送用のパイプにも多用されている。パイプ状の成形には、ウォター・アシスト射出成形[38]（Water Assist Injection Molding）や押出成形が用いられる。**写真 8–36** は、DuPont 社がウォター・アシスト射出成形用に特別に開発した PA6.6、Zytel を使って、オーストリアの部品メーカーSchneegans Silicon 社で初めて開発された BMW の 2,000 cc ディーゼルエンジンに使われる 3 次元に曲がったディップスティックガイドである[39]。**写真 8–37** は、DuPont 社の PPA、Zytel HTN でつくられたキャップレス・フューエルフィル

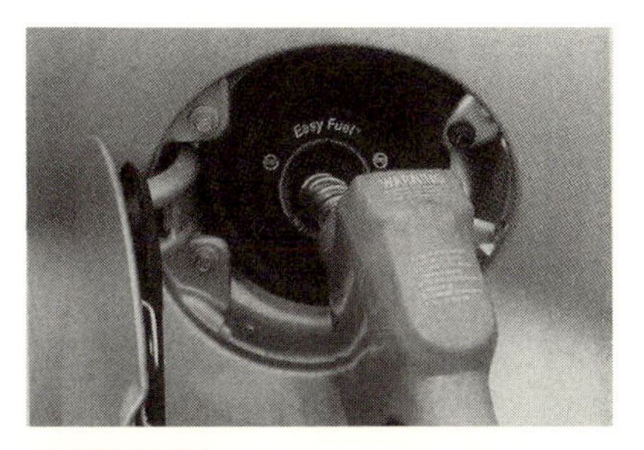

写真8-37　DuPont社のPPA、Zaytel HTNでMartinrea International社で開発されたFord社の各車種に採用されたキャップレス・フューエルフィルターシステム
（NPE2009にて、DuPant社提供）

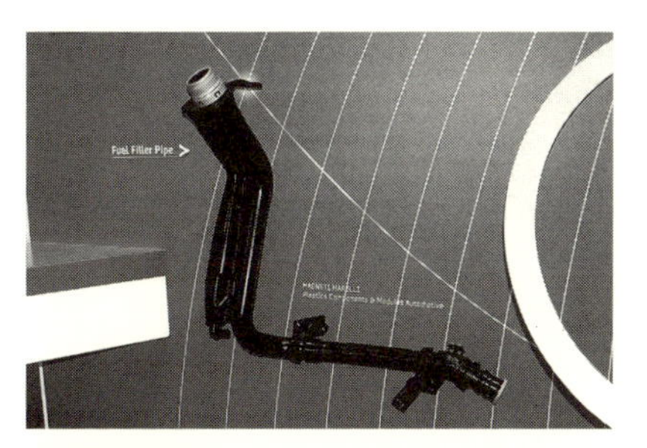

写真8-38　Rhodia社の押出成形用PA6、Technyl C 442V Blackの押出成形でつくられたフューエルフィルターパイプ
（K2010にて、Rhodia社展示より）

ターシステムで、Martinrea International社によって開発された。最初はFord GTに採用され、さらに2008年にはFord Flex、Escape、F150、ExpenditionおよびLincoln MKSに採用されている。このシステムにはミスフューエル・インヒビターの機能が付いており、その車に適応した燃料しか入らないようになっている。また蓋の開閉に伴う手間が省け、その間の燃料の蒸発を防ぎ、California Law Emission Viehcleへの適応をサポートしている[40]。

写真8-38は、Rhodia社が押出成形用に開発したPA6, Technyl C 442V Bluckの押出成形でつくられたフューエルフィルターパイプである[41]。

ARUKEMA社は、古くからヒマシ油を原料としてPA11などの生物由来再生可能PAをRilsanの商品名で供給してきた。同社の再生可能原料を含むPPA Rilsan HTの押出成形を使って、Exhaust Gas Recirculation（EGR）Systemを金属製品に代わり得るものとして開発している[42]。

8-9 ペダルボックスへの応用

ペダルボックスやアクセレーターペダル、さらにブレーキペダルにも従来の金属製品に代わってPAコンパウンド成形品が使われている。**写真8-39**はNew Rover 75に使われたペダルボックスで、DuPont社のZytel PAで一体成

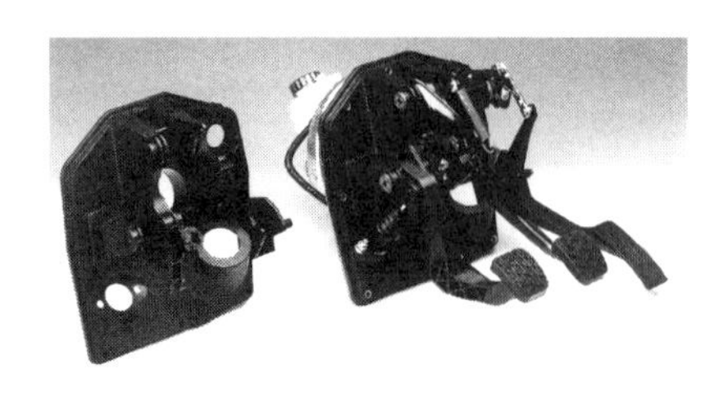

写真 8-39　DuPont 社の Zytel PA で一体成形されたペダルボックス（左）と組立完成品（右）
（Interplas'99 にて、DuPont 社提供）

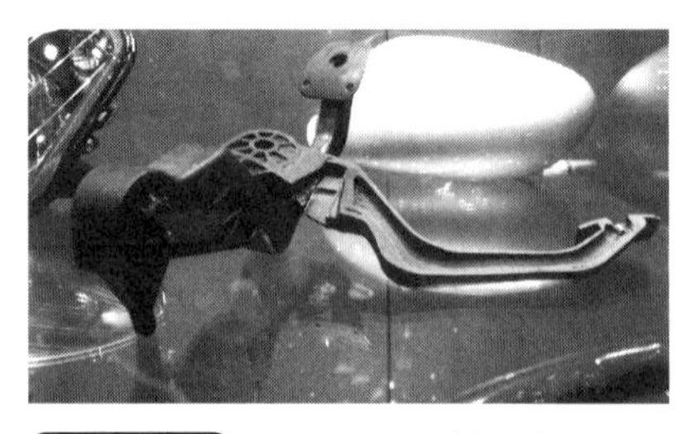

写真 8-40　Battenfelt 社のウォーター・アシスト射出成形 Aquamould で成形された PA 製のブレーキペダルのカットサンプル
（K2007 にて、Battenfelt 社展示より）

形されている。このペダルボックスは、従来の金属製のものに比べて、重量が 1/3 になり、組み立てコストが大幅に軽減するなど、大きな利益をもたらしている。さらにノイズや振動を吸収する能力が金属製のペダルボックスより優れ、エンジンノイズや振動を客室にほとんど伝えなくなる。アクセレーターペダルとクラッチペダルは PA 製品が使われているが、ブレーキペダルは金属製品が使われている[43)]。PA 製のブレーキペダルも、衝突時の変形規格に十分耐えるが、この時代にはブレーキペダルはまだ金属製品が使われていた。

ブレーキペダルは重要な保安部品ということで国によってはプラスチック製品の使用は認められなかったが、その後成形技術も進歩し、プラスチック製のブレーキペダルの使用も認められるようになり、K2007 では Battennfelt 社が、同社のウォーター・アシスト射出成形技術、Aquamould を使って成形された PA 製のブレーキペダル（**写真 8-40**）が商業生産に入っているとして、そのカットサンプルを展示していた[44)]。

8-10　外装部品への応用

PA は外装部品への応用も進められている。Rhodia Engineering Plastics 社は K2004 で、外装材としてオンライン塗装の可能なボディパネル用に、伝導性の PA6.6 Technyl A 238 P5 M25 を開発上市したことを公開した。この材料は電着塗装が可能で、200 ℃までの e-coat に耐え、耐衝撃性、表面特性、成

写真 8-41　Rhodia Engineering Plastics 社が開発した PA6.6 系の Technyl A 238 P5 M25 の射出成形品にプライマーなしでオンラインで電着塗装されたフロントフェンダー
（K2004 にて、Rhodia Engineering Plastics 社提供）

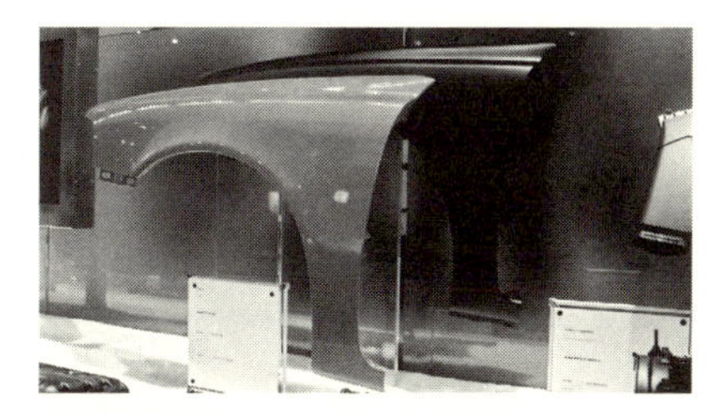

写真 8-42　BASF 社の半芳香族 PA、Ultramid TOP 3000 の射出成形でつくられ、オンライン塗装された Volvo S40 のフェンダーのテスト生産品
（K2007 にて、BASF 社展示より）

形性など、垂直ボディパネルに必要とされる特性を満足する。**写真 8-41** は、このグレードの射出成形でつくられたフロントフェンダーで、プライマーなしのオンラインプロセスで電着塗装バスの前に組み付けられ、200 ℃、30 分のキュアリングオーブンを問題なく通過している。従来の熱可塑性プラスチック外装材に比べて、220 ℃での Sag test に合格する高い耐熱性を持ち、寸法安定性、成形性の良さが特徴となっている。このグレードでつくられたフロントパネルは、－30 ℃での耐衝撃性テスト他、全ての外装材としてのテストに合格している。このグレードでつくられた部品は、インライン塗装にもオンライン塗装にも適応できるので、外装パネル以外にも、フューエルフィラーフラップやピラー、フロントグリル、エクステリアトリムなどへの応用が期待される[45]。

BASF 社も K2007 で、自動車のフェンダーやドアパネルなどの外装材用としてオンライン塗装可能な半芳香族 PA、Ultarmid TOP 3000 を開発上市したことを公開した。このグレードは半芳香族 PA の一種で、耐衝撃性、耐熱性の改良された無機質充填グレードである。従来市場にあるオンライン塗装可能なプラスチック、PPE/PA6.6 ブレンド樹脂と比較して線膨張係数が低く、熱安定性や剛性が高い。したがって、200 ℃のコーティング温度や乾燥温度に耐え、使用時に起こりがちなプラスチックフェンダーの湾曲の問題も解決される。設計者にとっては、設計の自由度が高くなり、軽量化ができることからコストダウンにもつながる。**写真 8-42** は、この Ultramid TPO 3000 の射出成形でつくられ、オンライン塗装されたVolvo S40のフェンダーである。このフェンダーは商業生産に入ったものではなく、テスト生産されたものである[46]。

8-11 ガラス長繊維強化PAコンポジットの応用

Rhodia Engiineering Plastics社は、ガラス長繊維強化PAコンポジットを開発し、その詳細なデータと応用製品をK2004で公開した。Technyl Forceシリーズと名付けられたこのコンポジットは、従来のガラス短繊維強化PAの2倍の耐衝撃強度を有し、同量のガラス長繊維を含むPP系コンパウンドよりも約20％も高い耐衝撃性を示している（**図8-2**）。その優れた強度バランス、高温特性、寸法安定性に加えて、高いデザインの自由度、美しい表面特性、優れた成形性による成形サイクルの短縮など、PP系のガラス長繊維強化コンポジットよりも優れている。これらが評価されて、VWのフロントエンドに採用された（**写真8-43**）。ガラス長繊維は最高60％まで含有したコンパウンドがつくられている[47]。

特殊PAで独特の技術を持つEMS-GROIVORY社も、NPE2009でガラス長繊維強化PAコンポジットGrivory GVLを開発上市場したことを公開した。従来のガラス短繊維強化PAに比べて、耐衝撃性、耐クリープ性、耐熱変形温度などが大幅に向上しており、自動車のインスツルメントパネル・キャリアー

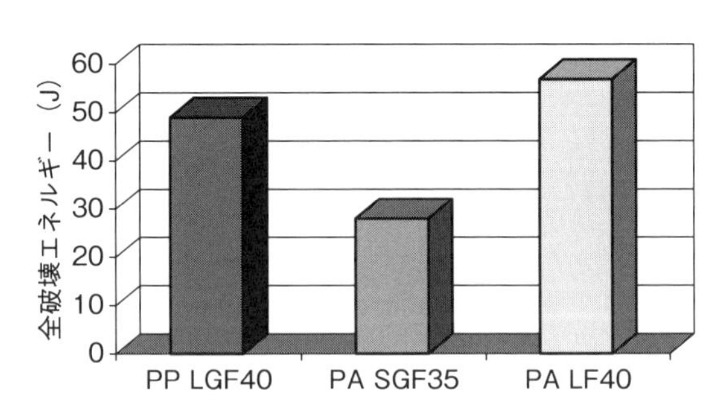

図8-2　ガラス長繊維40％強化PAコンポジット(PA LF40)と同PPコンポジット(PP LGF40)および従来のGF35％入りPAの衝撃速度15 km/hrにおける全破壊エネルギー
(K2004にて、Rhodia Engineering Plastics社提供)

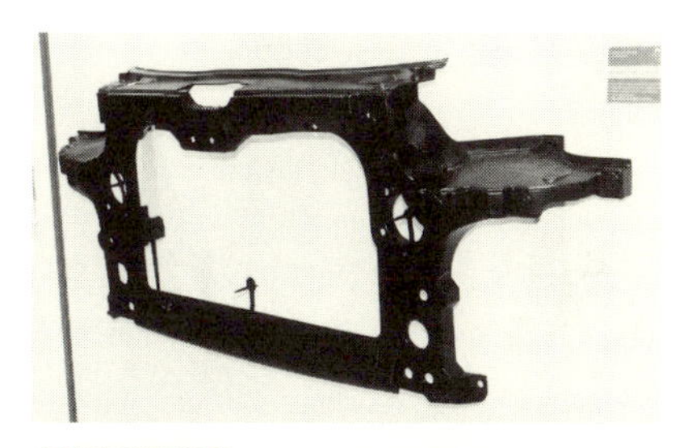

写真8-43　ガラス長繊維強化PAコンポジットTechnyl Forceの射出成形でつくられたVWのフロントエンド
（K2004にて、Rhodia Engineering Plastics社展示より）

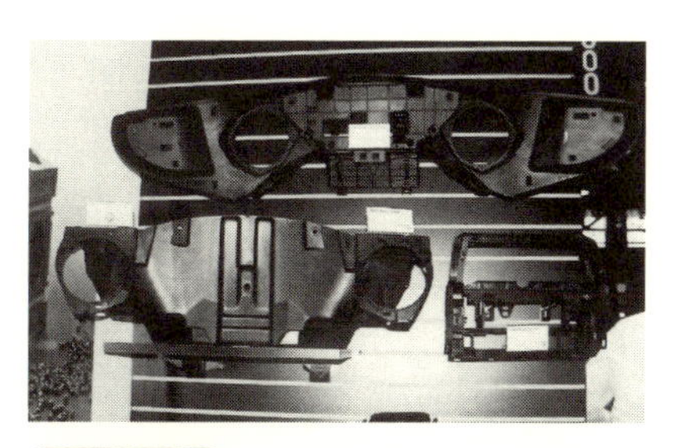

写真8-44　EMS-GRIVORY社のガラス長繊維強化PA、Grivory GVLでつくられた各種自動車部品
（NPE2009にて、EMS-GRIVORY社展示より）

写真8-45　BASF社のガラス長繊維強化PAコンポジットUltramid Structureでつくられたホイールリムを装着したMercedes smartの電気自動車Visionのコンセプトカー
（NPE2012にて、BASF社提供）

写真8-46　BASF社のガラス長繊維強化PAコンポジットUltramid Structureでつくられたオールプラスチック製のホイールリム
（NPE2012にて、BASF社展示より）

など大型部品（**写真8-44**）への採用を目指している[48]。

BASF社は、NPE2012でガラス長繊維強化PAコンポジットUltramid Structureを開発公開し、それを使ってMercedes smartの電気自動車Visionのコンセプトカー（**写真8-45**）に装着されるホイールリム（**写真8-46**）を開発した。このホイールリムはBASF社のUltrsim Design Suiteを用いて設計された世界最初のガラス長繊維強化PAコンポジットでつくられたオールプラスチック製のホイールリムである。従来のアルミニウム製ホイールリムより30％軽く、車1台で18 kgの軽量化に役立つことになる[49]。

その他多くのPAメーカーが、ガラス長繊維強化PAコンパウンドの開発に力を入れている。

参 考 文 献

1) 舊橋章：製品開発に役立つプラスチック材料入門、日刊工業新聞社、2005年9月30日発行、p. 109～124
2) 舊橋章：Chinaplas 2009 レポート、プラスチックスエージ、2009年9月号、p. 73
3) 舊橋章：Interplas '99 レポート、プラスチックスエージ、2000年3月号、p. 128
4) 舊橋章：実践 高付加価値プラスチック成形法、日刊工業新聞社、2008年3月25日発行、p. 91～94
5) 舊橋章：K2007 レポート-Ⅰ、プラスチックスエージ、2008年2月号、p. 127～128
6) 舊橋章：NPE2012 レポート(2)、プラスチックスエージ、2012年9月号、p. 90
7) 舊橋章：K2001 レポートⅠ、プラスチックスエージ、2002年2月号、p. 113
8) 舊橋章：NPE '88 にみる欧米のエンプラ開発の動向、プラスチックスエージ、1988年11月号、p. 232
9) 舊橋章：ヨーロッパにおけるエンプラ・スーパーエンプラの応用開発、プラスチックスエージ、1991年4月号、p. 190
10) 舊橋章：NPE '91 レポート、プラスチックスエージ、1991年11月号、p. 178～179
11) 舊橋章：NPE '94 レポート、プラスチックスエージ、1994年11月号、p. 134
12) 舊橋章：NPE '94 レポート、プラスチックスエージ、1994年11月号、p. 133
13) 舊橋章：Interplas '93, ヨーロッパにおけるプラスチック製品開発動向、プラスチックスエージ、1994年3月号、p. 152
14) 舊橋章；NPE '94 レポート、プラスチックスエージ、1994年11月号、p. 134～135
15) 舊橋章：Interplas '93、ヨーロッパにおけるプラスチック製品開発動向、プラスチックスエージ、1994年3月号、p. 152
16) 舊橋章：K '95 レポート、プラスチックスエージ、1996年2月号、p. 140
17) 舊橋章：NPE '97 レポート、プラスチックスエージ、1997年10月号、p. 138～139
18) 舊橋章：Interplas '99 レポート、プラスチックスエージ、2000年3月号、p. 132～133
19) 舊橋章：Interplas '99 レポート、プラスチックスエージ、2000年3月号、p. 133

20）舊橋章：K '98 レポートⅡ、プラスチックスエージ、1999年3月号、p. 136
21）舊橋章：K '2001 レポートⅠ、プラスチックスエージ、2002年3月号、p. 113
22）舊橋章：NPE2003 レポート、プラスチックスエージ、2003年10月号、p. 100
23）舊橋章：K2004 レポートⅡ、プラスチックスエージ、2003年3月号、p. 123
24）舊橋章：K2004 レポートⅡ、プラスチックスエージ、2005年3月号、p. 123
25）舊橋章：NPE2009 レポートⅡ、プラスチックスエージ、2009年11月号、p. 87
26）舊橋章：NPE2012 レポート(2)、プラスチックスエージ、2012年9月号、p. 90
27）舊橋章：K2010 レポートⅠ、プラスチックスエージ、2011年3月号、p. 82
28）舊橋章：K2010 レポートⅠ、プラスチックスエージ、2011年3月号、p. 83
29）舊橋章：プラスチック開発海外情報90、工業材料、2005年7月号、p. 89～93
30）舊橋章：SPI Structural Plastics 2004、プラスチックスエージ、2004年9月号、p. 88～90
31）舊橋章：SPI Structural Plastics 2005、プラスチックスエージ、2005年10月号、p. 203～204
32）舊橋章：実践 高付加価値プラスチック成形法、日刊工業新聞社、2008年3月25日発行、p. 246～250
33）舊橋章：実践 高付加価値プラスチック成形法、日刊工業新聞社、2008年3月25日発行、p. 201～205
34）舊橋章：SPI Structural Plastics '94、プラスチックスエージ、1994年8月号、p. 131
35）舊橋章：SPI Structural Plastics '96、プラスチックスエージ、1996年8月号、p. 118～119
36）舊橋章：プラスチック開発海外情報97、工業材料、2005年8月号、p. 91
37）舊橋章：K2010 レポートⅡ：プラスチックスエージ、2011年8月号、p. 94
38）舊橋章：実践 高付加価値プラスチック成形法、日刊工業新聞社、2008年3月25日発行、p. 91～94
39）舊橋章：K2004 レポートⅠ、プラスチックスエージ、2005年3月号、p. 123～124
40）舊橋章：NPE レポートⅡ、プラスチックスエージ、2009年11月号、p. 87
41）舊橋章：K2010 レポートⅡ、プラスチックスエージ、2011年4月号、p. 94～95
42）舊橋章：K2010 レポートⅠ、プラスチックスエージ、2011年3月号、p. 80
43）舊橋章：Interplas '99 レポート、2000年3月号、p. 7
44）舊橋章：実践 高付加価値プラスチック成形法、日刊工業新聞社、2008年3月25日発行、p. 92
45）舊橋章：プラスチック開発海外情報、工業材料、2005年8月号、p. 89～90
46）舊橋章：K2007 レポートⅠ、プラスチックスエージ、2008年2月号、p. 126

47) 舊橋章：プラスチック開発海外情報 91、工業材料、2005 年 8 月号、p. 89～90
48) 舊橋章：NPE 2009 レポートⅡ、2009 年 11 月号、p. 84～85
49) 舊橋章：NPE 2012 レポート(2)、プラスチックスエージ、2012 年 9 月号、p. 89～90

第9章 ポリウレタン系プラスチックと自動車部品への応用

9-1 ポリウレタン系プラスチックの種類と特長[1]

ポリウレタン（PUR）はジイソシアネート（O＝C＝N—R—N＝C＝O）とポリオール（HO—R—OH）、あるいはポリアミン（H_2N—R—NH_2）とが反応して得られるプラスチックで、前者はウレタン結合（—NH—CO—O—）を持ち、後者はウレア結合（—CO—HN—R—NH—CO—）を持つプラスチックである。したがって基本的には前者はポリウレタン、後者はポリウレアと呼ばれるが、一般的には両者をまとめてポリウレタンと呼ばれている。ポリウレタンはこれらの原料の組み合わせによって、硬質から軟質、発泡から非発泡、熱硬化性から熱可塑性など多種多様なポリウレタンがつくられている。ゴム質のものからガラス繊維などによる強化ポリウレタンまで、その応用は使用目的に合わせて調整することができる。その特性は、強靭で弾性に富み、耐摩耗性、電気特性、耐油性、接着性などに優れ、自動車部品だけでなく、電気機器部品、スポーツ用品、建材、家具、塗料などに幅広く使われている。

自動車部品としては、シートのクッションなどに発泡ポリウレタンが多量に使われているが、本章では主として構造部品に用いられた応用例を紹介する。

9-2 リサイクル容易な熱硬化性ポリウレタン製品

一般に熱硬化性プラスチックはリサイクルが困難とされているが、熱硬化性PURについては、グリコール分解によるケミカルリサイクルが容易で、1996年にはBayer社が100％PUR部品で組み立てられたインスツルメントパネルを、グリコール分解によって、完全リサイクルする設備を稼動させている[2]。

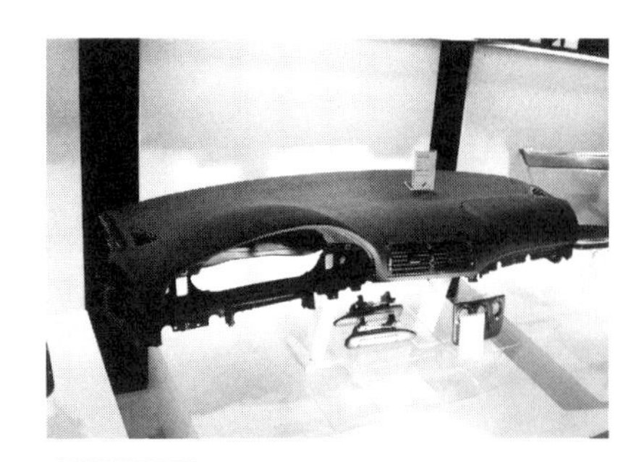

写真 9-1　100％PUR 構造体からなるリサイクリング・ループを完成させた New BMW 5 シリーズのインスツルメントパネル
（Interplas'96 にて Bayer 社展示より）

写真 9-2　BASF 社と Philip Environmental 社との合弁で北米初のグリコール分解による PUR リサイクルプラントの建設を発表
（NPE'97 にて、BASF 社展示より）

Bayer 社は、96 年型の New BMW 5 シリーズのインスツルメントパネルに、BMW 社と共同で 100％PUR 構造体からなるモノマテリアルシステムを採用した（**写真 9-1**）。このオール PUR 製のインスツルメントパネルは、使用後にはそのまま粉砕され、グリコール分解される。得られたポリオールは、再度このインスツルメントパネルのエアーダクトなどに使われる。すなわち、リサイクリング・ループを完成させたシステムである（**図 9-1**）[3]。

BASF 社もヨーロッパに続いて、1997 年のはじめにはカナダの Philip Environmental 社との合弁で、米国のデトロイトに北米初の 2.2 万トン/年のグリコール分解による PUR リサイクルプラントを建設した（**写真 9-2**）。これによって、使用済み自動車の廃棄物の中でも特に厄介物扱いされていた発泡 PUR 製品などの商業的再利用の道が開けたことになり、PUR 製インスツルメントパネルの新規受注にも弾みを付けている[4]。

9-3　インスツルメントパネルへの応用

インスツルメントパネルに限らず、PUR 製の自動車部品は主にトラックや電気自動車などの中・少量ロット生産の車に使用される例が多い。その理由は、PUR 成形方法の Reaction Injection Molding（RIM）にある。RIM の装置は、成形機としては複雑でやや大型の設備となるが、原料が液状で供給されるため

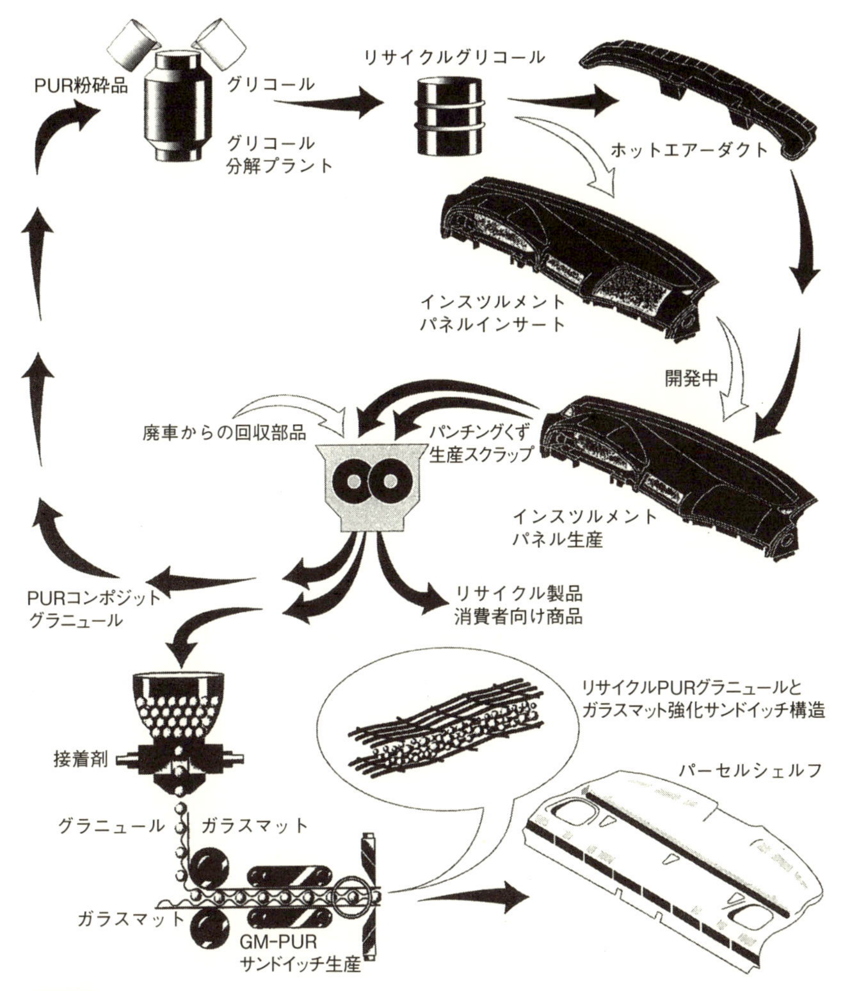

図 9-1　New BMW 5 シリーズの 100 % PUR 製インスツルメントパネルのリサイクリング・ループ
（Interplas'96 にて、Bayer 社提供）

に低圧成形となるので、金型が簡単になり、金型投資額も少なくて済む。その結果、中・少量ロットで中・大型製品では、射出成形よりもコストが低く済む[5)]。

写真 9-3 は GM 社の電気自動車 EV-1 に採用されたインスツルメントパネルで、Bayer 社の Baydur 250-IMR を使って発泡 PUR 一体成形されたものである。その製造方法は、まず 1 mm 厚のスキン層となるウレタン原料を金型表

写真9-3 Bayer社のBaydur 250-IMRを使って発泡PUR一体成形されたGM社の電気自動車EV-1に採用されたインスツルメントパネル
(NPE'97にて、Bayer社展示より)

面にスプレーした後にキュアーし、キュアーされたスキン層を雌型に装着し、ガラス繊維マットを入れた後、Baydur 250-IMRを使ってStructural Foam PUR RIMで成形される。キュアータイムは約3分間で、従来8個の部品から組み立てられていたものを1個に集約し、金属補強の必要のないセルフサポーティング設計で、25％の軽量化に成功している。取り付けには4個のボルトしか必要とせず、ラジオなどの付属品は全てスナップフィットで取り付けられている[6]。

一方BASF社も、前記のようにPURのリサイクルシステムを確立してPUR製インスツルメントパネルの開発を進めてきた。**写真9-4**は、1997年型のKenworth 2000トラックのインスツルメントパネルで、BASF社のElastolit Mの強化PUR Foam Systemsを使ってつくられている。薄肉軽量で複雑な形状も容易に成形することができ、金属補強なしで優れた強度と寸法安定性や耐熱性を有している[7]。さらにBASF社は、BMW 3シリーズのインスツルメントパネル（**写真9-5**）に、世界初の発泡PUR一体成形によるワンピースインスツルメントパネルの採用に成功している。この発泡PUR一体成形インスツルメントパネルの成形に使われたのは、BASF社のElastoflex E3463

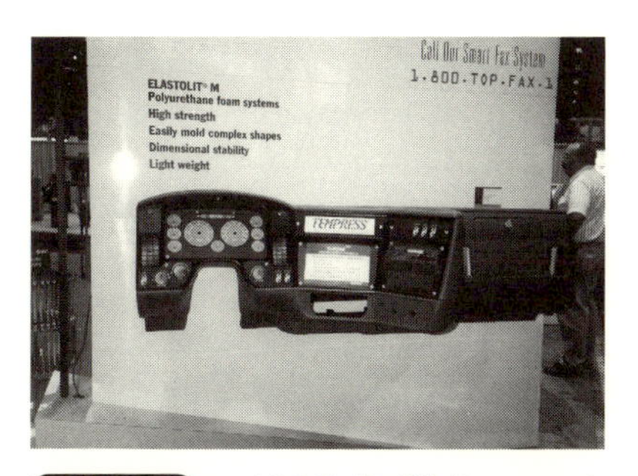

写真9-4　1997年型Kenworth 2000トラックに採用されたElastolit Mの強化PUR Foam Systemsを使ってつくられたインスツルメントパネル（NPE'97にて、BASF社展示より）

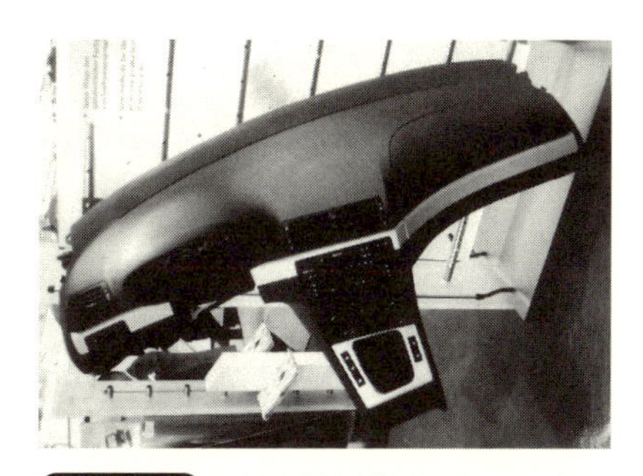

写真9-5　BASF社のElastoflex E3463のPUR Foam Systemを使ってつくられたBMW 3シリーズのPUR発泡一体成形のインスツルメントパネル
（K'98にて、BASF社展示より）

のPUR-Foam Systemと呼ばれる成形方法で、原料が金型に注入され、キュアーされた後、金型が開くまでに僅か100秒しか必要としない。さらに、金型から取り出されたインスツルメントパネルは、そのままコンベアベルトに載せられて隣接するアッセンブリーベルトへと運ばれてゆく。このワンピースインスツルメントパネルは、前のモデルのBMW E36のものより30％の軽量化を達成している[8)]。

写真9-6はBMW AGに採用されたインスツルメントパネルで、Sieger 2001の自動車部門賞を受賞している。そのキャリアーはBayer社のPUR、Baydurでつくられ、優れた寸法安定性と耐衝撃性を特長としている。さらにそのパネルは同じくPUR、Bayfillでつくられ、安全性を高めるためパッド構造が採用されている。エミッションも低く成形サイクルも短く、デザインの自由度も高い[9)]。

写真9-7はE-Z-GO Textron社のST 4×4 Utility Vehicle（UV）で、そのカウエルとインスツルメントパネル（**写真9-8**）は、Bayer Material Science社のBayflex 110-50のGF強化Elastomeric PUR-RIMでつくられている。このUVは、ハンターやランドマネージャーと呼ばれる人が、全くの荒地を走り回るための真のオフロード車で、その部品も極めて荒々しい厳しい条件に耐え、耐腐食性と耐久性が求められる。表面仕上げには成形を担当したG.I. Plastek

写真 9-6　キャリアは Bayer 社の Baydur STR、パネルは同じく Bayfill でつくられた BMW AG のオール PUR 製インスツルメントパネル
（K 2001 にて、Bayer 社展示より）

写真 9-7　Bayer MaterialScience 社の Bayflex 110-50 の GF 強化 Elastomeric PUR-RIM を使って G.I. Plastek 社でつくられたカウエルとインスツルメントパネルを組み込んだ E-Z-GO Textron 社の ST 4×4 Utility Vehicle
（SP2004 にて、G.I. Plastek 社展示より）

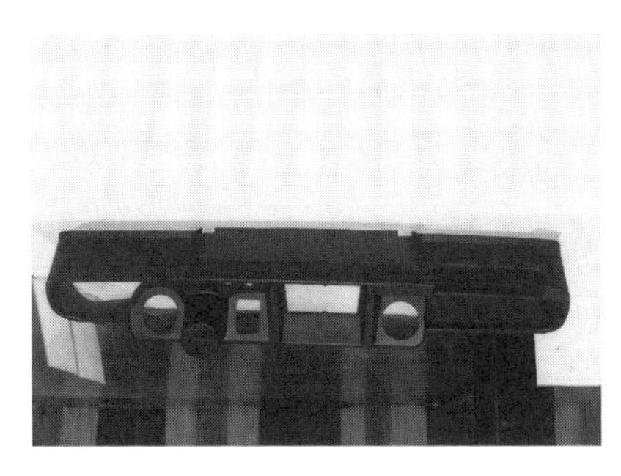

写真 9-8　Bayer MaterialScience 社の Bayflex 110-50 の GF 強化 Elastomeric PUR-RIM を使って G.I. Plastek 社でつくられた E-Z-GO Textron 社の ST 4×4 Utility Vehicle のインスツルメントパネル
（SP 2004 にて、G.I. Plastek 社展示より）

社の ProTek In-Mold Coating が用いられた[10]。

熱可塑性 PUR（TPU）の応用も進められている。BASF 社は自動車の内装材用に開発した TPU 各種グレードを NPE 2006 で公開した。Elastollan LP 9277 と同 LP 9299 は優れた耐候性、耐褪色性、耐スクラッチ性を特長とし、可塑剤なしで内装材として必要なソフトタッチ感覚を有し、加工も容易である。

Elastollan SP 9269は脂肪族系の粉末状の、スラッシュモールド用に開発されたグレードで、インスツルメントパネルのスキン層として優れた耐熱劣化性を有する。商業生産の例ではPVC系と比べてスクラップの発生率は4％少なくなっている。**写真9-9**はLand Roverのインスツルメントパネルで、そのスキン層はElastollan SP 9269のスラッシュモールドでつくられている[11]。

Bayer MaterialScience社もTPUの開発を進めている。スラッシュモールド用としてはDesmopan DP 88586P TPUという熱可塑性の粉末状のTPUが開発された。その特徴は、軽量で劣化し難いこと、さらに低温特性に優れていることである。ハロゲンフリーでVOC問題もなく、環境問題に対応することができる製品となっている。**写真9-10**は、このグレードを使ってIntertech Systems社がスラッシュモールドでつくったインスツルメントパネルである[12]。

また**写真9-11**は、Bayer MaterialScience社の脂肪族系TPU、Bayflex LSのワンステップRIMで直接つくられたスキン層を持つインスツルメントパネルである。このスキン層をつくる技術は、Faurecia社と共同で開発されたもので、スキン層の肉厚を均一に正確につくることができ、明るいカラーで耐候性に優れた美しいスキン層をつくることができる。スプレー法に比べて最大50％の生産速度アップが期待でき、インモールドコーティングなどよりもコストが安く、インスツルメントパネルやセンターコンソールなどの大型の自動

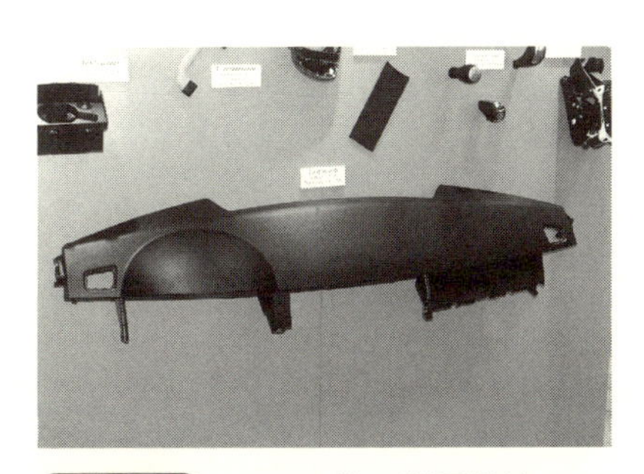

写真9-9　BASF社の熱可塑性PUR Elastollan SP 9269のスラッシュモールドでつくられたスキン層を採用したLand Roverのインスツルメントパネル（NPE 2006にて、BASF社展示より）

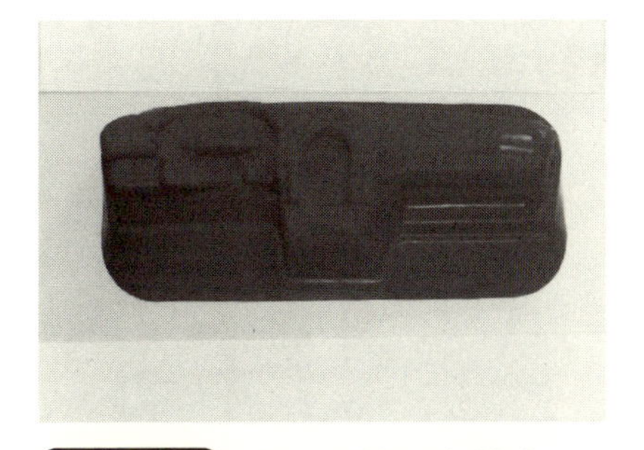

写真9-10　Bayer MaterialScience社の熱可塑性PUR、Desmopan DP 88586P TPUでIntertech Systems社によってスラッシュモールドでつくられたインスツルメントパネル（NPE 2006にて、Bayer MaterialScience社展示より）

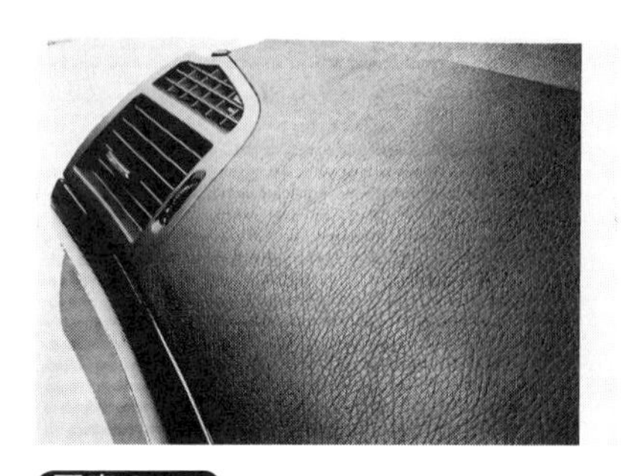

写真9-11 Bayer MaterialScience社の脂肪族系TPU、Bayflex LSのワンステップRIMでつくられたインスツルメントパネルのスキン層
(K 2007にて、Bayer MaterialScience社提供)

写真9-12 Bayer MaterialScience社のBaydur 667のPUR-RIMでつくられたダッシュボードDelta Dashを組み込んだIndiana Marine社のレジャーボート
(NPE 2006にて、Bayer MaterialScience社提供)

車内装部品の表面層の改良とコストダウンに役立つと期待されている[13]。

レジャーボートメーカーのIndiana Marine社は、同社のレジャーボート(**写真9-12**)にPUR-RIM製のダッシュボードDelta Dashを採用し、ボート製造に革命的な改良を成し遂げた。Delta DashはBayer MaterialScience社のBaydur 667のRIMでつくられ、しゃれた外観でカスタマイズされているので運転者にとっては使いやすいダッシュボードになっている(**写真9-13**)。Baydur 667 PUR-RIMシステムによる製品は、軽量で剛性が高く、ダッシュボードに組み込まれるあらゆる計器、スイッチ、ゲージなどを全てエンカプス

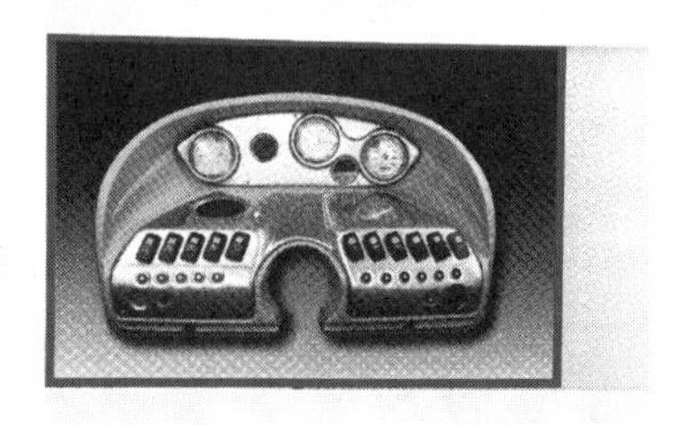

写真9-13 Bayer MaterialScience社のBaydur 667のPUR-RIMでつくられた各種ダッシュボード
(NPE 2006にて、Bayer MaterialScience社展示(左)および提供(右))

レーションで一体成形することができる。加えて組み立てに必要なボスやリブの付いた肉厚の変化の大きな製品をつくるのに適している[14]。

9-4 フロント部品への応用

PURは、バンパー・フェイシャーやフロントエンドなどのフロント部品にも使われている。**写真9-14**はバイエル社のPUR、Bayflex 180GRのRIMでつくられたMG Roverのフロントエンドである。この車は、中ロット生産車なのでPUR-RIMが採用された。優れた寸法精度、低コスト、高いモジュール化の可能性などが評価された[15]。

トラックなどのフロント部品には、ガラス繊維やマイカ、ウォラストナイトなどの充填材で強化されたReinforced RIM（R-RIM）製品が使われている。従来使われていたスチールやSMC製品に比べて、耐衝撃性や耐久性に優れ、大型成形や複雑な形状に対応する成形性も良い。軽量化やデザインの自由度も高く、着色性も良く、部品の集約性にも優れている。RIMの特徴である低圧成形により、金型投資も安く、コスト面からも中・少量ロット生産に適していることから、トラックメーカーにとっても有望な製造方法として期待されてい

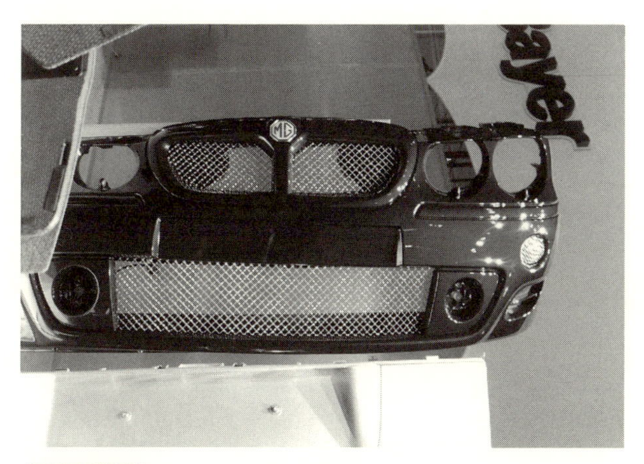

写真9-14 Bayer社のPUR、Bayflex 180GRのRIMでつくられたMG Roverのフロントエンド
（K 2001にて、Bayer社展示より）

る。VW do Brazil 社は、New 2000 トラックシリーズの開発に当たって、そのバンパー、フロントグリル、サイドエアー･デフレクション･デバイス、ステップ付きフェンダーに Bayer Polymer 社の Bayflex 110 PUR の R-RIM 製品を採用した（**写真 9-15**）。ブラジルでは、広大で荒れた道路で運行されるので、頑丈でタフな車が求められていた。PUR の R-RIM 製品は、これらの要求に応えることができることから採用された。部品の成形開発は Seeber-Fastplas 社が担当した[16)]。

シティバス用の特殊バンパーにも、PUR コンポジットが使われている。**写真 9-16** の大型シティバスのバンパーには、特別に開発された高エネルギー吸収フロントバンパー（High Energy Level Polymers Swept Bumper）が採用されている。このバンパーは、Bayer MaterialScience 社の Bayflex XGT System を使って Romeo RIM 社で開発されたもので、従来の使い捨てタイプのエネルギー吸収バンパーや、FRP 製バンパー、金属製バンパーを置き換えるために開発された。このバンパーは、重量 55,000 lb のバスを 5 mph の繰返し衝撃に

写真 9-15　VW do Brazil 社の New 2000 トラックシリーズに採用された Bayflex 110 PUR の R-RIM 製のバンパー、フロントグリル、サイドエアー･デフレクション･デバイス、フェンダー（NPE 2003 にて、Bayer Polymer 社提供）

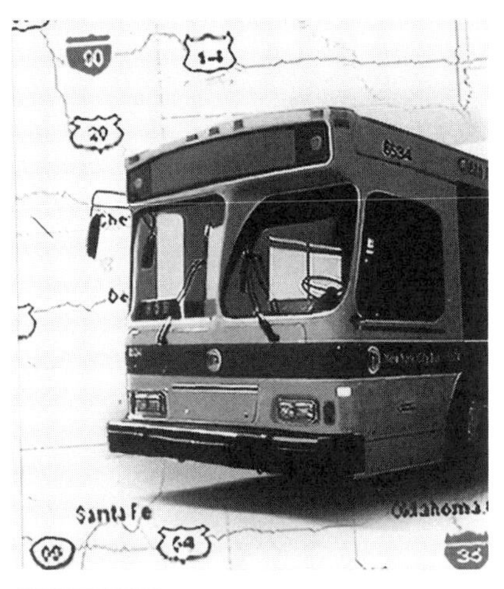

写真 9-16　Bayer MaterialScience 社の Bayflex XGT-10 の RIM を使って開発された高エネルギー吸収フロントバンパーを装着した大型シティバス（K 2004 にて、Bayer MaterialScience 社提供）

も耐えて保護する能力を持っている。加えて、耐紫外線性にも優れ、引裂き強度や耐油性も高く、広い温度範囲で高い特性を維持している。成形に際しては、長さ 50 inch の中央部と両端の車体に沿って曲がった長さ 26 inch の 2 個の部品とから組み立てられる。表面仕上げにはインモールドコーティングが使われている[17]。

米国の Mack Trucks 社の Granite Axle Back モデル（**写真 9-17**）は、米国におけるクラス 8 の重量級本格派トラックでトップクラスとされているが、そのフェンダー・エクステンションは PUR-RIM でつくられており、機能性や魅力的なデザインで業界をリードしていた。このフェンダー・エクステンション（**写真 9-18**）は、車輪の上に取り付けられ、フードを保護し、泥はねを押さえる役割をするだけでなく、道路から多くの攻撃を受ける。Romeo RIM 社はこの製品をつくるのに Bayer MaterialScience 社の Bayflex 110-50 PUR-RIM システムを採用した。その結果、Mack Trucks 社の要求する高い特性を満足する製品をつくることができただけでなく、優れた美的特性を持ち、製造効率も極めて良いという結果を得た。この製品は、長さ 53.5 inch（136 cm）、幅

写真 9-17　Bayer MaterialScience 社の Bayflex 110-50 PUR-RIM システムでつくられたフェンダー・エクステンションを装着した Mack Trucks 社のクラス 8 の重量級トラック、Granite Axle Back モデル
（NPE 2006 にて、Bayer MaterialScience 社提供）

写真 9-18　Bayer MaterialScience 社の Bayflex 110-50 PUR-RIM システムでつくられた Mack Trucks 社のクラス 8 の重量級トラック、Granite Axle Back 向けのフェンダー・エクステンション
（NPE 2006 にて、Bayer MaterialScience 社提供）

写真9-19 Bayer MaterialScience社のBayflex 110-50のGF強化Elastomeric PUR-RIMを使ってG.I. Plastek社でつくられたE-Z-GO Textron社のST 4×4 Utility Vehicleのカウエル
（SP 2004にて、G.I. Plastek社展示より）

21 inch（53 cm）、高さ9 inch（23 cm）の大型製品で、表面加工はインモールドコーティングで仕上げられている。この新しいユニークなスタイルのフェンダー・エクステンションは、デザインが大胆なだけでなく、低温でもフレキシブルで、耐久性に優れ、ユーザーの高い評価を得ている[18)]。

前節で取り上げたE-Z-GO Textron社のST 4×4 Utility Vehicle（写真9-7参照）のカウエルもBayer MaterialScience社のBayflex 110-50のGF強化Elastomeric PUR-RIMを使ってつくられている（**写真9-19**）。このカウエルは、幅53 inch（135 cm）、高さ15 inch（38 cm）、奥行き25 inch（64 cm）に達する大型製品で、本格的なオフロード車として、荒地を走り回るのに必要とされる特性に対する厳しい条件を満たしているだけでなく、製造メーカーのG.I. Plastek社の特許技術であるProTek In-Mold Cotingによって、小石などの衝撃に強い、美しい外観のカウエルに仕上がっている[19)]。

9-5 外装部品への応用

PURやPUA（Polyurea）のReinforced Reaction Injection Molding（R-

RIM）製品は、スチール製品に比べて耐衝撃性や耐久性に優れ、軽量でデザインの自由度が高く、着色性や部品の集約可能性が高いなどの特徴があるが、RIMという成形方法の特徴から、コスト面から見て年産20万台以下の中・少量ロット生産に適しているとされている。従来はe-coat（電着塗装）やElectrolytic Phosphate Oven（ELPO）の高熱処理に絶える耐熱性がなかったが、2000年前後からe-coat可能なPUAやPURが実用化され、各種トラックの外装部品に使用されるようになった。

1998年、Dow Plastics社はGM社およびDecoma International社と共同で、e-coat可能なPUA、SPECTRIM HH390 Polymerの開発に成功し、GMの1999年型Chevrolet Silveradoトラック（**写真9-20**）のリアフェンダーに採用された[20]。このPUAのR-RIM製の垂直ボディパネル（**写真9-21**）は最高400°F（204℃）の焼付け温度に耐え、そのまま従来のオンライン塗装のラインに組み込むことができる。その結果、組み立て時間の短縮とともに塗装品質の向上にもつながった。このPUAのR-RIM製のリアフェンダーの採用によって、スチール製品よりも38％の軽量化と、一体成形による部品の集約によって車体に固定するためのファスナーの数を53％も減らし、デザイナーの要求を満たす美しい外観のトラックに仕上げることに成功した[21]。

さらにGM社は、GMT-800 Dually-8 pick up truckの荷台のアウターパネル（**写真9-22**）にもDow Plastics社のe-coat可能なPUAのR-RIM、

写真9-20　Dow Chemical社のe-coat可能なPUAのR-RIM製の荷台のアウターパネルを組み込んだGM社の1999年型Chevrolet Silveradoトラック（NPE 2000にて、Dow Automotive社提供）

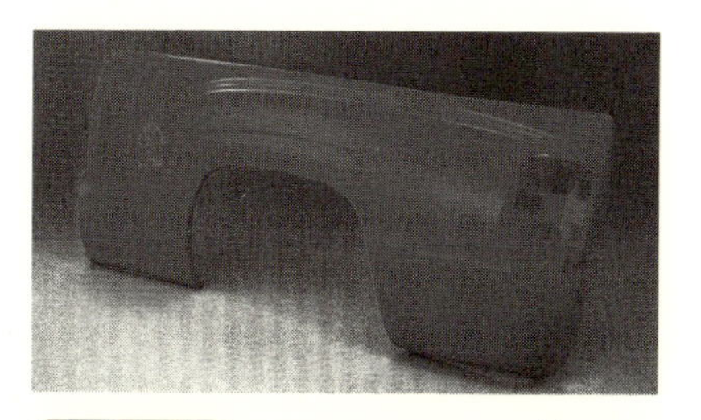

写真9-21　Dow Chemical社のe-coat可能な耐熱性PUAのR-RIM、SPECTRIM HH390でつくられたGM社の'99年型Chevrolet Silveradoトラックの荷台のアウターパネル（NPE 2000にて、Dow Automotive社提供）

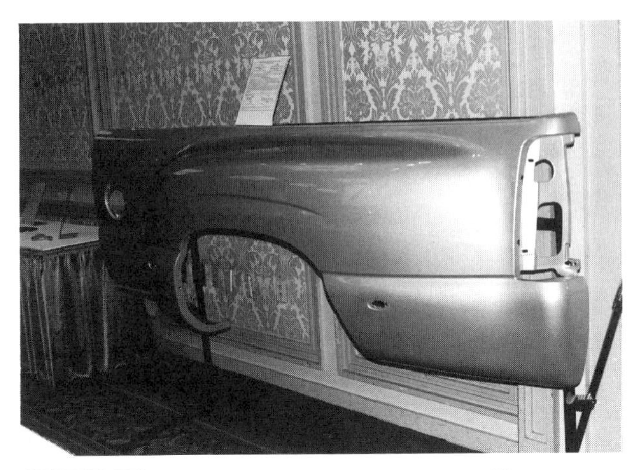

写真9-22　e-coat可能なDow Chemical社のPUAのR-RIM、SPECTRIMでつくられたGMT-800、Dually-8 pick up truckの荷台のアウターパネル
（SP 2001にて、GM社展示より）

SPECTRIM製品を採用した。このDually-8は後輪に二重タイヤを採用しているために、そのアウターパネルはタイヤのカバー部分が大きく膨らんでいる。そのために従来使われていたスチールやSMCの製品では、2〜3個の部品に分けて成形し、それを組み立てなければならなかった。これに対してPUAのR-RIM製品では、ワンショットで成形することができる。しかも従来製品に比べて強靭で耐衝撃性、表面特性、耐久性、塗装性に優れ、成形サイクルも短くなっている。重量も27 lb（12 kg）で、スチール製に比べて30 lb（13.6 kg）も軽くなっている。組み立てには、PUAのR-RIM製品のe-coat時の熱膨張を吸収するためにSlip Joint Designが採用されている[22)]。

GM社は、GMT-800 Chevrolet Silverado 71 pick up truck（**写真9-23**）の荷台ボックスの全てを、世界で初めてPURおよびPUAのR-RIM製品でつくり、SPIのStructural Plastics 2001でその詳細を公開した[23)]。このトラックの荷台のアウターパネルはDow Plastics社の耐熱性PUAのR-RIM、SPECTRIMの一体成形でつくられている（**写真9-24**）。このフェンダーは、ユニークなスナップフィット設計の組み立て方式を採用しており、組み立て時間を大幅に短縮し、修理の時のパネルの交換も、より簡単にできるようにつく

写真 9-23 荷台ボックスを全てPUAおよびPURの製品でつくられたGMT-800、Chevrolet Silverado 71 pick up truck
(SP 2001にて、GM社展示より)

写真 9-24 Dow Chemical社のe-coat可能なPUAのR-RIM、SPECTRIMでつくられたGMT-800 Chevrolet Silverado 71 pick up truckの荷台のアウターパネル
(SP 2001にて、GM社展示より)

られている。衝突の際にも凹みが発生せず、衝撃にも強く、耐腐食性も極めて高い。またその荷台の内側は、Bayer社のBaydur 425 IMR PUR High Dursity RIM（HD-SRIM）Systemでつくられている（**写真 9-25**）。このピックアップトラックの荷台は、テールゲートを除き箱型に一体成形され、前後の長さは6.5 ft（198 cm）に達する。肉厚は3 mmの均一で、仕上げにはspatter paintによって、ダークグレーのざらざらした表面に仕上げられている。成形はCambridge Industries社のInjection Compretion Mold Pressで行われた[24)]。

さらにGM社は、2003年型GMC Sierra Denali pick up truck（**写真 9-26**）の荷台のアウターパネルにBayer Polymers社のBayflex 190 PURのR-RIM製品（**写真 9-27**）を採用した。このシステムはマイカ充填PURのR-RIMシステムで、その製品はe-coatやELPOなどのオンライン塗装の200℃の高温塗装に耐えることを特徴としている。塗装面の特徴はスチールの塗装面と同等で、さらにワーページや変形も起こらない。従来のスチールやSMC製品に比べて30％軽く、デザインの自由度や耐衝撃性の向上、寸法精度の良さからくる組み立て作業の容易さなど、多くの利点を持っている。大型で複雑な製品でもワンショットで一体成形が可能で、金型投資も安価であることからコストダウンにもつながっている[25)]。

写真9-25　Bayer社のBaydur 425 IMR PUR HD-SRIM Systemで一体成形されたGM社のChevrolet Silverado GMT-800 pick up truckの荷台
（SPI 2001にて、Bayer社提供）

写真9-26　Bayer Polymers社のe-coat可能なBayflex 190 PURのR-RIMのアウターパネルを採用したGM社のGMC Sierra Denali pick up truck
（NPE 2003にて、Bayer Polymers社提供）

写真9-27　Bayer Polymers社のe-coat可能なBayflex 190 PURのR-RIM Systemでつくられた GMC Sierra Denali pick up truckの荷台のアウターパネル
（NPE 2003にて、Bayer Polymers社展示より）

9-6　産業機械への応用

農業機械や建築用機械などは、典型的な大型で中･少量ロット生産品なので、PURのRIM製品は古くから数多く使われている。特に大型製品をワンショットで表面仕上げまで完了できることから、コストダウンやデザインの自由度を求めて、スチールやSMCに代わって使われるようになった。

米国の農機具メーカーの大手、John Deere社は、同社の大型収穫用コンバイン、9650 STSおよび9750 STS（**写真9-28**）の後部シールドと後輪カバーに、

写真 9-28　後部シールドと後輪カバーに Bayer 社の Baydur 730 IBS Structural Form PUR-RIM 製品を組み込んだ John Deere 社の大型収穫用コンバイン
（SP 2001 にて、Bayer 社提供）

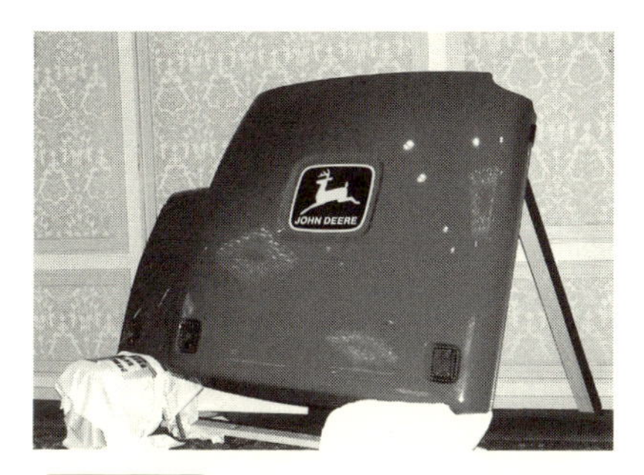

写真 9-29　Bayer 社の Baydur 730 IBS Structural Form PUR-RIM System でつくられ、インモールドコーティングで表面仕上げされた John Deere 社の大型収穫用コンバイン 9650 STS と 9750 STS の後部シールド
（SP 2001 にて、G.I. Plastek 社展示より）

Bayer 社の Baydur 730 IBS Structural Form PUR-RIM System でつくられた製品を採用した（**写真 9-29**）。この製品は、後部シールドだけで 6 ft×6 ft（183 cm×183 cm）の大きさで、さらに後輪カバーを含めて一体成形されている。これだけの大型のシールドでありながら補強リブや金属インサートは全く使用せず、Structural Form PUR-RIM 製品だけで十分な剛性を保持している。表面は G.I. Plastek 社の ProTek と呼ばれるインモールドコーティングによってクラス A に仕上げられている。従来のスチール製に比べて重量は 86 lb から 58 lb へと 32 %軽くなり、金型コストは 15 万ドル減、塗装コストは 50 %減となった[26)]。

Caterpillar 社も、大型トラクターChallenger（**写真 9-30**）に、PUR-RIM 製品の他多くのプラスチック製品を採用している。Challeger のアウタールーフ（**写真 9-31**）は、PUR の Structural Foam RIM の 2 段階インモールドコーティングでつくられている。さらにそのフェンダー（**写真 9-32**）と、HVAC カバー（**写真 9-33**）も、PUR の Elastomeric RIM の 2 段階インモールドコーティングでつくられている。この 2 段階インモールドコーティング技術は、G.I. Plastek 社の ProTek に含まれるもので、まず金型が表面に特殊配合のクリアコーティングが施され、続いて着色されたトップコート層がスプレーされ

写真9-30　PUR-RIMのインモールドコーティング製品を組み込んだCaterpillar社の大型トラクターChallenger
（SP 2002にて、G.I. Plastek社提供）

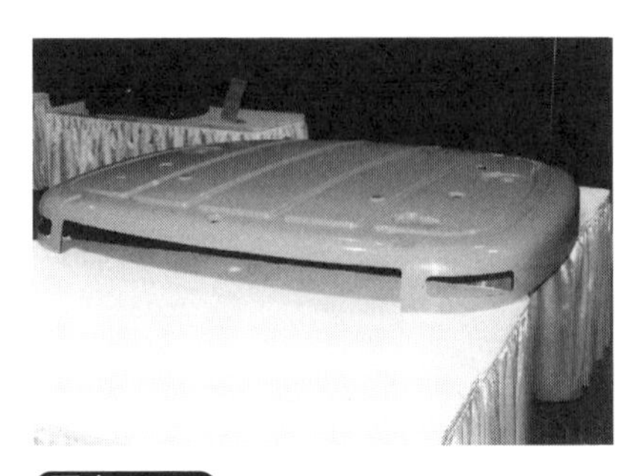

写真9-31　PURのStructural Foam RIMの２段階インモールドコーティングでつくられたCaterpillar社の大型トラクターChallengerのアウタールーフ
（SP 2002にて、G.I. Plastek社展示より）

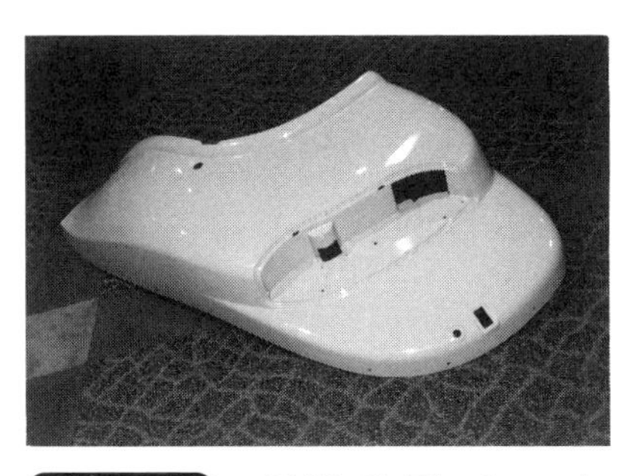

写真9-32　PURのElastomeric RIMの２段階インモールドコーティングでつくられた大型トラクターChallengerのフェンダー
（SP 2002にて、G.I. Plastek社展示より）

写真9-33　PURのElastomeric RIMの２段階インモールドコーティングでつくられた大型トラクターChallengerのHVACカバー
（SP 2002にて、G.I. Plastek社展示より）

る。その後、PURのStructural RIMやElastomeric RIMが行われる。完成した成形品は、クラスAの美しい外観を呈し、強靭で傷付き難く耐候性に優れ、表面グロスの持続性も良い。Caterpillar社は、その後もRC-99やEシリーズトラクターのフェンダーやカバーにPURのElastomeric RIMを採用している[27]。

土木建設機械メーカーのBobcat社は、同社の小型掘削機435ZHS（**写真9-34**）の右側のアクセスカバー（**写真9-35**）に、Bayer MaterialScience社のBayflex XGT-100 Elastomeric PUR-RIMのインモールドコーティング製品を

写真 9-34　右側のアクセスカバーにBayer MaterialScience 社の Bayflex XGT-100、Elastomeric PUR-RIM 製品を採用した Bobcat 社の小型掘削機 435ZHS
（K 2004 にて、Bayer MaterialScience 社提供）

写真 9-35　Bayer MaterialScience 社の Bayflex XGT-100、Elastomeric PUR-RIM でつくられた Bobcat 社の小型掘削機 435ZHS の右アクセスカバー
（K 2004 にて、Bayer MaterialScience 社提供）

採用した。このアクセスカバーは長さ 26 inch、高さ 26 inch、幅 25 inch の大型部品で、従来はスチールのスタンピングでつくられていたが、再現性に難があり、重量が重く、表面塗装が剥げやすいなどの欠点があった。それを PUR-RIM のインモールドコーティング製品に換えることによって、軽量化を達成し、付属部品の一体成形も可能となり、塗装工程を省くこともでき、コストダウン

写真 9-36　Bayer MaterialScience 社の Baydur 110 PUR-RIM で Pestel PUR-Kunststoffetechnik GmbH でつくられた Claas Forage Havester の Rear Flap Jaguar
（NPE 2006 にて、Bayer MaterialScience 社展示より）

に役立っている。成形は Romero RIM 社が担当した[28]。

写真 9-36 は、Claas Forage Havester の Rear Flap Jaguar で、Bayer Material Science 社の Baydur 110 PUR-RIM でつくられている。重量は 33 kg に達する大型製品で、このような肉厚で複雑な形状の製品をつくるのには、PUR-RIM が最適とされた。成形開発はドイツの Pestel PUR-Kunststoffetechnik GmbH が担当した[29]。

9-7 PUR コンポジットへの応用

PUR-RIM では、古くから Structural RIM（S-RIM）として予備成形された長繊維ガラスマットやガラス織布を強化材として金型に入れた後に PUR 原料を注入して成形する方法が使われてきた。しかしガラスマットなどを金型に充填する作業は、しばしば困難を伴うことが多く、特に大型製品の場合はその取り扱いに悩まされる。さらに表面にガラス繊維が浮き出て、クラス A の表面仕上がりの製品を得ることが難しいという問題があった。この問題を解決し、PUR の長繊維強化コンポジットを低コストで成形することができるように開発されたのが LFR-PUR/Thermoplastic Composite である。この方法では、金型に熱成形された熱可塑性シートを装着した後、強化繊維と PUR 原料を同時にスプレーし、3～5 分のプレスで高品質の LFR-PUR/Thermoplaqstic Composite 製品をつくることができる。この方法は、4-3-4) 項に述べた BASF 社の Paintless Film Molding System と Kraus Maffei 社の IMC Injection Molding Compounder との組み合わせとに似たシステムで、バックモールドの代わりに任意の長さのガラス繊維と PUR 原料とがまぶされたものをスプレーするようにしたものである[30]。

この方法の開発に当たって、Bayer MaterialScience 社や BASF 社はスプレー用の即硬性の PUR を開発し、KraussMaffei 社や Cannon 社は成形機械を開発するという形で実用化された。KraussMaffei 社では、LFI-PUR Technologie と名付け、そのスプレーユニット（**写真 9-37**）はコンパクトで設備投資金額が少なく、大型の小ロット生産品でも低コストで生産できることを特長としている。**写真 9-38** は、表面が PC/PBT ブレンド樹脂の熱成形品に、50～

写真 9-37　KraussMaffei 社の LFI-PUR Technology で使われるスプレーユニット
（K 2004 にて、KraussMaffei 社提供）

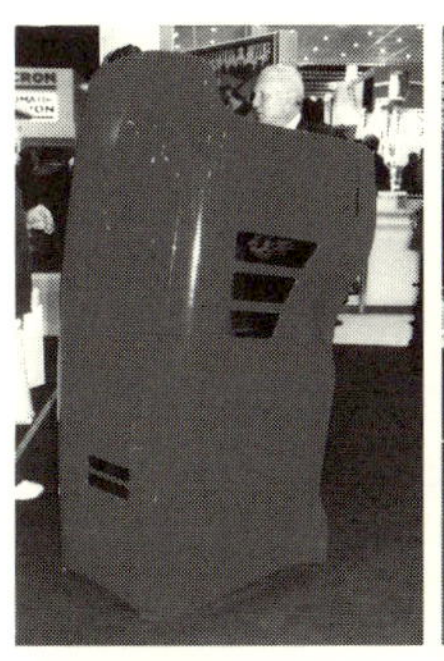
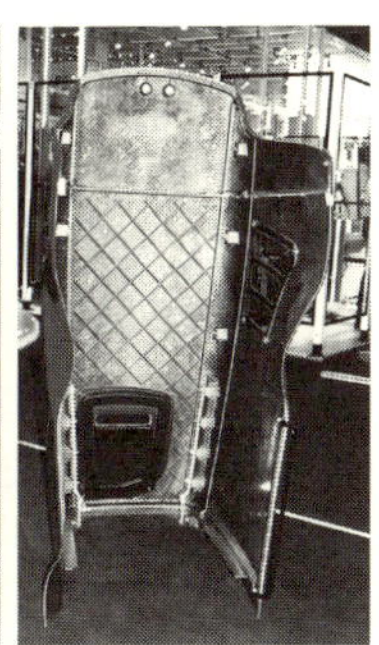

写真 9-38　KraussMaffei 社の LFI-PUR Technologei を使って PC/PBT ブレンド樹脂製シートの熱成形品（左）に 50～100 mm 長の GF-PUR をスプレー後プレス成形してつくられたトラクターのエンジンフード
（K 2004 にて、KraussMaffei 社展示より）

写真 9-39　Bayer MaterialScience 社の Multitec Method を使って LFR-PUR/TP Composite でつくられた Pronar 社のトラクターの 1,500 mm×700 mm の大型フェンダー
（K 2004 にて、Bayer MaterialScience 社提供）

100 mm 長の GF-PUR をスプレー後、プレス成形してつくられた大型のトラクターのエンジンフードである。

Bayer MaterialScience 社は、このスプレー式 PUR コンポジット成形方法について Multitec Method と名付け、スプレー後 3～5 分のプレスキュアーで成形できる PUR として Baydur 60 を開発した。この技術を使って Pronar 社は、大型のトラクターの複雑な形状の 1,500 mm × 700 mm 大の大型フェンダー（**写真 9-39**）の開発に成功している。

一方、Cannon 社も、PUR と強化繊維を同時にスプレーできる InterWet と名付けた装置を開発し、この装置をベースにイタリアの GMP Poliuretani

S.p.Aは、強化繊維の長さを25～40 mm、含有量を15～40 %まで変えられる新しいスプレー技術、Foiled FiberPur Technologyを開発した。そしてこの技術を使って、イタリアの農機具メーカーLandini社は、1,100 mm×550 mmという超大型で耐衝撃性の高いエンジンフード（**写真9-40**）の開発に成功した。しかも肉厚はたった3 mmで、大幅な軽量化に成功した。加えて、美しい外観の仕上がりは塗装工程を省き、金型もアルミニウム製で安く、全体として大幅なコストダウンに成功している[31]。

ガラス長繊維強化PUR構造体は、軽量で高い強度、高い剛性を持つことから、Advanced Lightweight Structuresとも呼ばれ、各種の大型構造体に応用されている。**写真9-41**は、Bayer MaterialScience社のガラス長繊維強化PURコ

写真9-40　GMP Poliuretani S.p.AのFFT法とBayer MaterialScience社のBaydur 60を使ってつくられたLandini社のトラクターのエンジンフードとフェンダー
（K 2004にて、Bayer MaterialScience社提供）

写真9-41　Bayer MaterialScience社のガラス長繊維強化PURコンポジット、Baydur LFTを使ってWebasto AGでつくられたOpel Zafiraのルーフ
（NPE 2006にて、Bayer MaterialScience社展示より）

ンポジット、Baydur LFTでつくられたOpel Zafiraのルーフである。その特長は、軽量で高い剛性を有し、車体の軽量化によって燃費を減少させることにある。さらに、自動車メーカーからの強い要望は、ルーフモジュールの軽量化だけでなく、その構造比剛性を高くすることであった。Bayer MaterialScience社はドイツのWebasto AGと組んで、Baydur LFTを使ってOpel Zafiraのルーフに必要とされる特性を持ったルーフの開発に成功した[32]。

以上に紹介してきたように、PUR-RIM製品は、トラックや産業用車両の部品に使われる例が多い。これはその特長が低圧成形で、大型で、中/少量ロット生産品に適していることにある。欧米ではこれからも、軽量でより大型の製品が産業用車両などに使用されていくものと考えられる。

参考文献

1) 舊橋章：製品開発に役立つプラスチック材料入門、日刊工業新聞社、2005年9月30日発行、p. 167～169
2) 舊橋章：インタープラス'96ハイライトとドイツのリサイクル事情、プラスチックスエージ、1997年4月号、p. 141～142
3) 舊橋章：プラスチック開発海外情報10、工業材料、1998年9月号、p. 84～88
4) 舊橋章：NPE'97レポート、プラスチックスエージ、1997年10月号、p. 140
5) 舊橋章：プラスチック開発海外情報49：工業材料、2001年12月号、p. 78
6) 舊橋章：NPE'97レポート、プラスチックスエージ、1997年10月号、p. 137～138
7) 舊橋章：NPE'97レポート、プラスチックスエージ、1997年10月号、p. 140
8) 舊橋章：K'98レポートⅡ、プラスチックスエージ、1999年3月号、p. 136
9) 舊橋章：K'2001レポートⅠ、プラスチックスエージ、2002年2月号、p. 112
10) 舊橋章：プラスチック開発海外情報109、工業材料、2007年3月号、p. 87～88
11) 舊橋章：NPE2006レポート（Ⅰ）、プラスチックスエージ、2006年10月号、p. 121
12) 舊橋章：プラスチック開発海外情報109、工業材料、007年3月号、p. 89
13) 舊橋章：K 2007レポートⅡ、プラスチックスエージ、2008年3月号、p. 89～90
14) 舊橋章：プラスチック開発海外情報108、工業材料、2007年2月号、p. 96～97
15) 舊橋章：K 2001レポートⅠ、プラスチックスエージ、2002年2月号、p. 112
16) 舊橋章：プラスチック開発海外情報74、工業材料、2004年3月号、p. 77～78

17）舊橋章：プラスチック開発海外情報 101、工業材料、2006 年 7 月号、p. 83
18）舊橋章：プラスチック開発海外情報 109、工業材料、2007 年 3 月号、p. 86～87
19）舊橋章：プラスチック開発海外情報 109、工業材料、2007 年 3 月号、p. 87～88
20）Dow Automotive；SNAPSHOT
21）舊橋章：プラスチック開発海外情報 48、工業材料、2001 年 11 月号、p. 98～99
22）舊橋章：プラスチック開発海外情報、74、工業材料、2004 年 3 月号、p. 79
23）舊橋章：SPI Structural Plastics 2001―問題多発する e-commerce 化―、プラスチックスエージ、2001 年 9 月号、p. 120～121
24）舊橋章：プラスチック開発海外情報 74、工業材料、2004 年 3 月号、p. 79～80
25）舊橋章：プラスチック開発海外状況 74、工業材料、2004 年 3 月号、p. 80
26）舊橋章：プラスチック開発海外情報 58、工業材料、2002 年 10 月号、p. 98～99
27）舊橋章：プラスチック開発海外情報 58、工業材料、2002 年 10 月号、p. 99～100
28）舊橋章：プラスチック開発海外情報 101、工業材料、2006 年 7 月号、p. 82
29）舊橋章：プラスチック開発海外情報 109、工業材料、2007 年 3 月号、p. 90～91
30）舊橋章：K2004 レポートⅠ、プラスチックスエージ、2005 年 2 月号、p. 129～130
31）舊橋章：K2004 レポートⅠ、プラスチックスエージ、2005 年 2 月号、p. 130
32）舊橋章：プラスチック開発海外情報 109、工業材料、2007 年 3 月号、p. 90

第10章 再生可能な生物由来プラスチックの開発と自動車部への応用

10-1 化石原料から生物由来原料への転換

これまで紹介してきたように、自動車部品には、多くのプラスチックが金属やガラスなどに代わって使われるようになってきたが、それらのプラスチックは、ほとんどが石油を原料とする石油化学の産物である。しかし、中国やインドなどの他、発展途上国における急速な自動車の普及や電力需要の増加は、石油消費の急速な増加をもたらし、地球温暖化の要因の一つとされる CO_2 ガスを増加させ、石油資源の枯渇を早めることになる。このような状況にあって、欧米の樹脂メーカーは、循環型社会の構築を目指して再生可能な原料として生物資源、いわゆるバイオベース原料を使ったプラスチックの開発に注力している。生物資源を原料とするプラスチックは、一部でかなり古くから生産されており、現在でも、ヒマシ油を原料とするPA11や、石油化学製品と競合しながら年間1,213万トン（2014年）も生産されている天然ゴムなどがある。

本章では、これらの既に生物由来（バイオベース）プラスチックとして実績のあるものに加えて、生物由来プラスチックの開発の現状と、その課題について考えてみる。

10-2 ヒマシ油を原料とするバイオベース・プラスチック

ヒマシ油はヒマ（別名トウゴマ；**写真10-1**）の種子（**写真10-2**）を圧搾して得られる非食糧系の植物性油脂で、リシノレイン酸のトリグリセライドを主成分とする構造をしている（**図10-1**）。粘調な不乾性油で、食用には適さず、下剤、てんぷらの廃油凝固剤などとして用いられている。潤滑性に富み、潤滑

写真10-1　1年生植物ヒマ
(K 2007にて、Elastogran社提供)

写真10-2　ヒマシ油の原料となるヒマの種子
(K 2007にて、Elastogran社提供)

$$
\begin{array}{l}
CH_2-O-\overset{\overset{O}{\|}}{C}-(CH_2)_7-CH=CH-\overset{\overset{OH}{|}}{CH}-(CH_2)_5-CH_3 \\
| \\
CH-O-\overset{\overset{O}{\|}}{C}-(CH_2)_7-CH=CH-\overset{\overset{OH}{|}}{CH}-(CH_2)_5-CH_3 \\
| \\
CH_2-O-\overset{\overset{O}{\|}}{C}-(CH_2)_7-CH=CH-\overset{\overset{OH}{|}}{CH}-(CH_2)_5-CH_3
\end{array}
$$

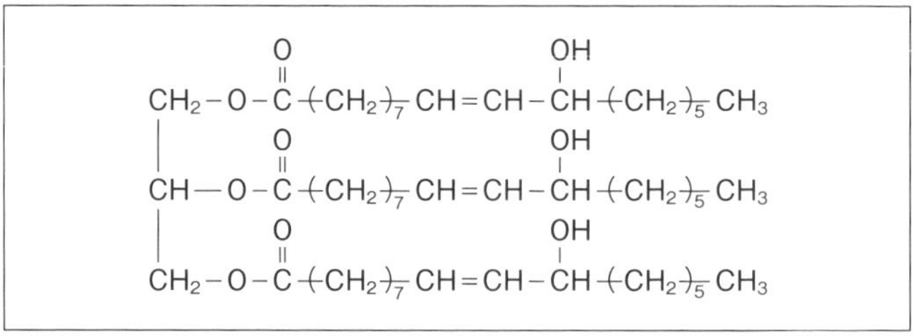

図10-1　ヒマシ油の主成分、リシノレイン酸トリグリセライドの構造
(K 2007にて、Elastagran社提供)

油としても使われる他、顔料の分散性が良いのでラッカーや印刷インクにも使われている。コスト面からも石油系潤滑油と変わらない。ヒマは1年生の植物で、痩せた土地や厳しい自然環境でも育ち、インドやブラジル、中国内モンゴルなどで栽培されてきたが[1)]、プラスチック用原料としての需要の高まりから、

インドネシアで日本のベンチャー企業によるヒマの大規模なプランテーションが進められている[2)]。

ARKEMA社は、60～70年前からヒマシ油を原料としたアミノ11化学の世界的リーダーとして知られ、アミノ11化学を利用して100％再生可能原料からPA11を合成し、Rilsan PA11の商品名で市販してきた。PA11は結晶性で、融点184℃、ガラス転移点56℃、比重1.03で、PA6より柔軟性に富み、可とう性が大きい。−40℃から＋130℃の温度範囲での使用に耐え、飽和吸水率はPA6の10.7％に対して1.9％と低い値を有する。用途はスポーツシューズ、チューブ、ホース、電線被覆、釣り糸、粉末コーティングなど多岐にわたる。

同社はこのアミノ11を原料として、高機能性熱可塑性エラストマー（TPE）、Pebax Rnewを開発しK 2007で公開した。このPebax Rnewは、PA11成分をハードセグメントとし、ポリエーテルをソフトセグメントとしたブロック共重合体で、硬さ25Dと75Dの2種類がある。再生可能な炭素数は20～90％に達する。その特性は従来のPebaxと同様で、電気・電子、スポーツ、自動車などの顧客の環境対応設計に応えることができる。さらに、ポリアミド共重合体からなるホットメルト接着剤Platamidについても、原料にASTM D6866に規定する再生可能な有機炭素100％からなる植物系油脂を使って、世界初の100％バイオベースのホットメルト接着剤Platamid HX 2656 Rnewを開発し、K 2007で公開した。このホットメルト接着剤は、揮発性有機化学物質（VOC）も減少させ、自動車産業で求められている客室内のVOCの削減に役立つものである。**写真10-3**はPlatamid HX 2656 Rnewを使ってつくられた自動車の内装品である[3)]。

加えて、54％再生可能原料からつくられた透明PA、Rilsan Clear Rnewと、軽量化の要求に応えることのできる極めてタフで耐高温特性を持つPolyphthalamide（PPA）Rilan HTを開発上市し、K 2010で公開した。**写真10-4**は、Rilan HTでつくられたフレキシブルチューブを利用したExhaust Gas Recirculation System（EGRS）で、このフレキシブルチューブは金属製のチューブアッセンブリーに代わり得るものとして開発された。同社は石油を原料とするPA12は、商品名をRilsanからRilsamidに変更し、Rilsanをバイオプラスチックを代表する商品名と位置づけた[4)]。

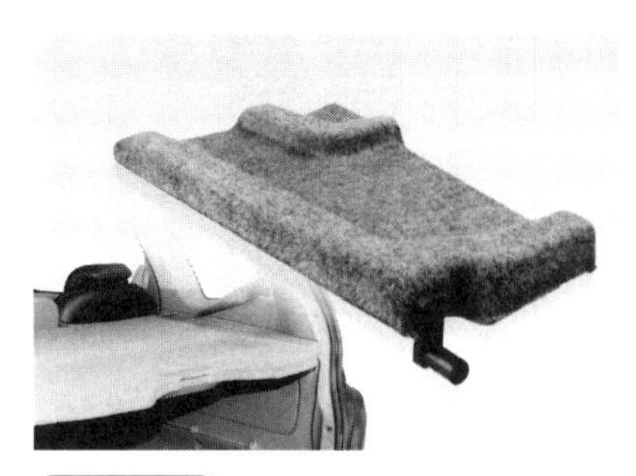

写真10-3　ARKEMA社の100％バイオベースのホットメルト接着剤のPlatamid HX 2656 Rnewを使ってつくられた自動車の内装品
（K 2007にて、ARKEMA社提供）

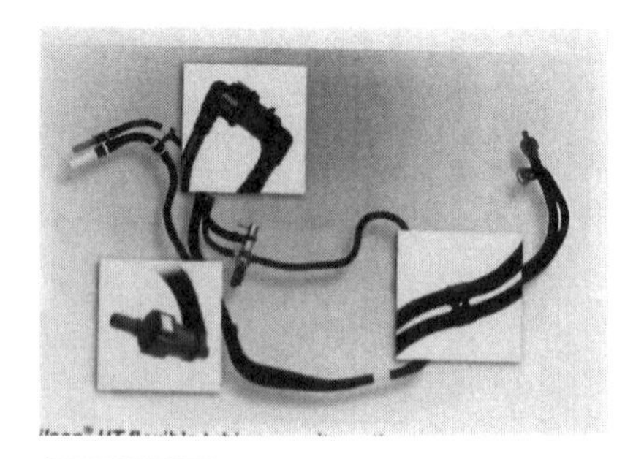

写真10-4　ARKEMA社の再生可能原料を含むPPA、Rilan HTの押出成形でつくられたExhaust Gas Recirculation（EGR）System
（K 2010にて、ARKEMA社提供）

BASF社は、ヒマシ油からつくられるセバシン酸（$HOOC-(CH_2)_8-COOH$）を約60％含むPA6.10を開発し、K 2007でUltramid Balanceの商品名で公開した。このPA6.10は、融点225℃、ガラス転移点約60℃、比重1.08で、柔軟性が高く、低温における耐衝撃性に優れている。飽和吸水率は4.0％でPA6.6の8.5％より低い。用途は、石油由来のPA6の代替だけでなく、PA6では使用できなかった応用分野でも利用できるとしている[5]。

さらにK 2010で、Ultramid Balanceの難燃グレードとして、ハロゲン成分を含まないUltramid Free S3U40G5 Balanceを上市した。このグレードは、再生可能成分60％以上含み、高い耐炎性を示し、明るい着色が可能で、電気部品に関する多くの国際的なテストに合格しており、ソケットやスイッチボディカバーなどの応用が可能である。**写真10-5**は再生可能成分を60％以上含むPA6.10の難燃グレードUltramid Free S3U40G5 Balanceでつくられた電気部品である。同社は、さらに3種類のGF強化PA6.10グレード、およびPA6.6とのブレンドグレード、Ultramid S3K Balanceを上市している。**写真10-6**は、ヒマシ油を原料とした再生可能成分を60％以上含むPA6.10のGF強化グレードUltramid Balanceをフレームに使ったsmart用の運転席シートのコンセプトである[6]。

BASFの子会社Elastogran社は、BASF社の特許技術を応用して、ヒマシ油から臭いのない新しいポリオールの開発に成功し、再生可能なPURの原料

写真 10-5　BASF 社のヒマシ油を原料とした再生可能成分を 60 %以上含む PA 6.10 の難燃グレード Ultramid Free S3U40G5 Balance でつくられた電気部品
（K 2010 にて、BASF 社提供）

写真 10-6　BASF 社のヒマシ油を原料とした再生可能成分を 60 %以上含む PA 6.10 の GF 強化グレード Ultramid Balance をフレームに使った smart の運転者用座席シートのコンセプト
（K 2010 にて、BASF 社展示より）

として Lupranol Balance 50 の商品名で K 2007 で公開した[7]。このポリオールは PUR 製造の際に従来の配合比率を変えることなく、従来と同等の PUR 製品を得ることができると同時に、約 24 %の再生可能な原料が組み入れられることになる。このポリオールはポリエーテルオールで、軟質 PUR フォームの主な構成要素となっている。**写真 10-7** は、Lupranol Balance 50 を配合してつくられた軟質 PUR フォームである。この軟質 PUR フォームは、安全性でも高い格付けを得ている。例えば軟質 PUR フォームから 7 日間で放出される有機物質（VOC）の許容限界量は 500 $\mu g/m^3$ であるが、この軟質フォームからの放出量は 10 $\mu g/m^3$ に過ぎない[8]。

同じく PA 専業メーカーの Rhodia 社も、ヒマシ油を原料として Technyl PA11、Technyle PA10.10 に加えて、PA6.10 Technyl eXten を開発上市し、

写真 10-7　Elastogran 社のヒマシ油からつくられたポリオール Lupranol Balance 50 を配合してつくられた再生可能な原料 24 %を含む軟質 PUR フォーム
（K 2007 にて、Elastogran 社提供）

写真 10-8　EMS-GRIVORY 社の再生可能成分を 45 %含む PPA、Grivory HT3 でつくられたプラグ付きコネクター
（K 2010にて、EMS-GRIVORY 社提供）

K 2012 でその詳細を公開した。Technyl eXten には押出しグレードの Technyl eXten D458P と同 D437P、射出グレードの Technyl eXten D218V30（GF30 %入り）と同 D238V30（GF30 %入り、耐低温衝撃性）の 4 種類で、窓枠や構造体の他断熱材としても用いられている[9]。

EMS-GRIVORY 社も PA 専業メーカーとして、再生可能原料でつくられた PA10.10 Grilamid 1S、PA6.10 Grilamid 2S、透明 PA Grilamid BTR、PPA Grivory HT3 などを開発上市している。**写真 10-8** は、PPA Grivory HT3 でつくられたプラグ付きコネクターで、45 %の再生可能成分を含んでいる。260 ℃の耐熱性を示し、LCP よりも優れたウエルド強度が得られる。非ハロゲン、非リン系の難燃グレードで、他の PPA に比べて吸水性は 1/2 になっている[10]。

Stanyl PA4.6 を持つ DSM Engineering Polymers 社も、ヒマシ油を原料として再生可能成分を 70 %含む PA4.10 EcoPaXX を開発上市し、K 2010 でそ

の詳細を公開している。耐熱性が高く、PPA を除くバイオベース PA としては最高の融点 250℃を有し、吸水性も PA4.6 より低く、耐薬品性も良い。EcoPaXX には、Q-150-D（一般用）、Q-HG6（GF30％入り）、Q-HG10（GF50％入り）、Q-HGM24（GF/ミネラル充填）、Q-KGS6（非ハロゲン-GF 充填難燃グレード、V-0/0.75 mm）など、5 種類の射出用グレードがある[11]。

これら以外にも、ヒマシ油を原料とする再生可能成分を含むプラスチックの開発が進められており、バイオベース・プラスチックとしての PA や PUR の自動車部品への応用は加速するものと思われる。

10-3 大豆油を原料とするバイオベース・プラスチック

大豆は人類の食糧として、また家畜の飼料として重要な農産物である。それにもかからず米国でポリウレタンの原料として大量に使われるようになったのには、遺伝子組み換え大豆の普及がある。米国の大豆農家は遺伝子組み換えによって病虫害の被害を受けることなく、安定した収穫を得られるようになった。しかし、肝心の大口需要先である日本や EU が、遺伝子組み換え大豆の受け入れを拒否したため売り先を失い、大量の在庫を抱えることになった。そのために連邦大豆協会（the United Soybean Board）は、工業原料としてウレタン業界に売り込んだといういきさつがある。その後、米国の新エネルギー法（2007 年成立 2009 年施行）で、再生可能燃料の使用義務を 2022 年までに 360 億ガロンとすると定めたため、バイオエタノールの原料となるトウモロコシの価格が高騰したことで、大豆からトウモロコシへの転作が進み、大豆の過剰在庫はほぼ消されたが、連邦大豆協会は、その後も大豆のプラスチックへの応用に力を入れている。例えば Dow Automotive Systems 社が 2011 年 12 月までに商品化を計画した遮音性発泡 PUR、（商品名 Betafoam Renue）の開発に深く関与している[12]。

大豆油を原料とするポリオールを使用した PUR 製品の実用化は、農機具の部品から始まった。2002 年の 4 月、SPI の Structural Plastic Conference に、G.I. Plastek 社が大豆油からつくられたポリオールを原料としたバイオベースの PUR 製の農機具部品を展示して注目された。**写真 10-9** がそれで、米国の

写真10-9　Bayer社の大豆油を原料とするポリオールを使ったPUR、Baydur IBS 730SのStructural Foam RIMのインモールドコーティングでつくられたJohn Deere社の2002年型ハーベスターコンバインのアクセスドア
(SP 2002にて、G.I. Plastek社展示より)

写真10-10　大豆油を原料とするPURのSF-RIM製ルーフを採用したCase社の2002年型マグナムトラクターのキャブ
(SP 2002にて、G.I. Plastek社展示より)

大手農機具メーカーJohn Deere社の2002年型ハーベスターコンバイン（前章の写真9-28参照）のアクセスドアである。原料にはBayer社が大豆油を原料として開発したポリオールを成分の一つとして使用したPUR、Baydur IBS 730Sが使われ、G.I. Plastek社のSF-RIMのインモールドコーティングでつくられている。この製品は、従来の石油を原料とした製品と比べて基本的物性や加工性は同等で、強度や弾性はより優れており、SMCに比べて大幅な重量減とコストダウンになっている。この製品1個当たり6.4 kgの大豆を原料としている[13]。

米国のもう一方の大手農機具メーカーCase社は、2002年型マグナムトラクターのキャブ（**写真10-10**）のルーフアッセンブリーに、Bayer社の大豆油からつくられたポリオールを原料とするPURのSF-RIM製品を採用した。このルーフアッセンブリーは、152 cm×152 cmの大きさで、アッパールーフ（**写真10-11**）が11.8 kg、ロウアールーフ（**写真10-12**）が18.6 kgで、一組のルーフアッセンブリーで11.6 kgの大豆を消費している。このアッパールーフは、G.I. Plastek社の特許技術、ProTek In Mold Coating SystemでクラスAに表面仕上げされており、SMC製品の塗装仕上げに比べて50 %のコストダウンに成功している[14]。

2003年にCNHと社名変更したCASE社は、CASE IH AFX7010 Combine

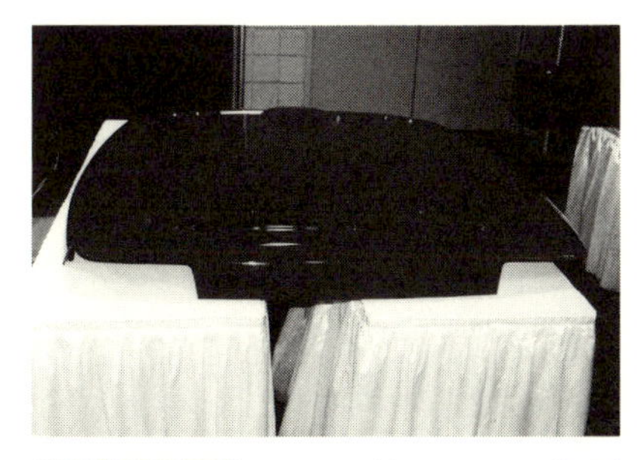

写真 10-11 Case 社の 2002 年型マグナムトラクターのキャブに組み込まれた大豆油を原料とした PUR の SF-RIM 製のアッパールーフ
(SP 2002にて、G.I. Plastek社展示より)

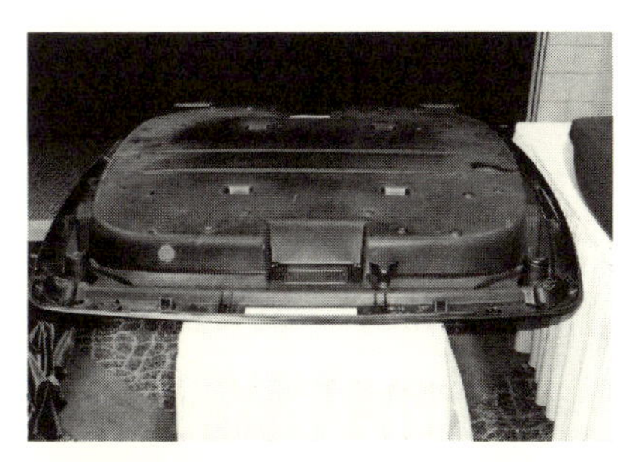

写真 10-12 Case 社の 2002 年型マグナムトラクターのキャブに組み込まれた大豆油を原料とした PUR の SF-RIM 製のロウアールーフ
(SP 2002にて、G.I. Plastek社展示より)

写真 10-13 Bayer 社の大豆油を原料とするポリオールを使った Baydur IBS 73OS の SF-RIM 製外装パネル 12 枚を組み込んだ CNH 社の Case IH AFX7010 コンバインの正面
(SP 2003にて、G.I. Plastek社展示より)

写真 10-14 Bayer 社の大豆油を原料とするポリオールを使った Baydur IBS 73OS の SF-RIM 製外装パネル 12 枚を組み込んだ CNH 社の Case IH AFX7010 コンバインの背面
(SP 2003にて、G.I. Plastek社展示より)

の外装に、大豆油からつくられたポリオールを原料とする Bayer 社の PUR、Baydur IBS 73OS の SF-RIM でつくられたパネルを 12 枚も採用した（**写真 10-13** および**写真 10-14**）。12 枚の外装パネルは、**表 10-1** に示すように左右のサイドパネルは長さ 101 inch × 幅 76 inch × 深さ 7 inch（256.5 cm × 193 cm × 17.8 cm）に達する大きさで、全てのパネルの表面仕上げには G.I. Plastek 社の ProTek In Mold Coating System が使われ、クラス A の表面に仕上げられている。このような超大型 PUR-RIM 製品をクラス A の表面に仕上げたのは世

表10-1　Bayer社の大豆油を原料とするポリオールを使ったBaydur IBS 730SのSF-RIM製の12枚の外装パネルの仕様
（SP 2003にて、G.I. Plastek社提供）

種　類	重量（lb）	長さ・幅・深さ（inch）		
3.0RHフロントラップ	5.14	23	29	7
3.0LHフロントラップ	5.14	23	29	7
3.0リアパネル	41.48	89	56	19
3.3RHフロントラップ	6.34	28	28	10
3.3LHフロントラップ	6.34	28	28	10
3.3リアパネル	53.70	100	57	21
3.3LHサイドリアパネル	20.46	39	63	14
3.3RHサイドミドルパネル	43.00	81	72	6
3.3LHサイドフロントパネル	56.60	101	76	7
3.3LHサイドミドルパネル	52.60	87	72	8
3.3RHサイドフロントパネル	56.00	101	76	7
3.3RHサイドリアパネル	25.10	46	63	14

界初のことであり、成形サイクルも短く、金型費用も含めコスト低減にも大きな役割を果たしている。製品の強度などの性能は、石油からつくられたポリオールを使ったRIM製品と変わらないという[15]。

大豆油からつくられたポリオールを原料とするPURの自動車分野への実用化は、Fordグループが積極的に取り組んできた。Fordグループは、2002年から大豆油からつくられたポリオールを使ったPUR発泡製品の自動車部品への応用研究をスタートし、2008年モデルのMustangに最初に採用された。このPUR発泡製品は、石油からつくられたポリオールを25％も置き換えている。Ford社はLear社と大豆油を使ったPUR発泡製品SoyFoamの開発を続けており、2008年にはMustangのシートクッションに採用され、2010年にはFord EscapeとMercury Marinerのヘッドライナーに採用されている。さらに、2011年にはLear社で開発された新しいヘッドリストレインを採用したが、この製品にも大豆油からつくられたポリオールを使ったPURのSF-RIM製品SoyFoamが使われている。Ford North America社がつくる自動車のシートクッションやバックに使われるこれらバイオベースのPURのSF-RIM製品は、年間300万lb以上の石油資源の削減と、1,500万lb以上のCO_2の削減に役立つという[16]。

10-4 デンプンを原料とするバイオベース・プラスチック

デンプンがプラスチックの原料として注目されたのは、デンプンを乳酸発酵させてつくられた乳酸を縮合重合させて得られるポリ乳酸（Polylactic Acid：PLA）が生分解性プラスチックとして商品化されたことによる。生分解性PLAは日本で最も広く実用化が進められているが、最大の問題は原料のデンプンの安定供給とPLAの性能に比べて価格が高いことである。

デンプンの原料は、主としてトウモロコシや小麦などの穀類の他、イモ類などであるが、これらは食糧として重要な位置を占める主食となるものである。さらに工業用としては、一定のまとまった量が安定して供給されなければならない。その条件を満たしたのが米国の大規模農場で生産されるトウモロコシである。トウモロコシは米国だけで3億トンも生産され、余剰農産物として生産調整が行われていた。加えて、遺伝子組み換えトウモロコシの導入によって、さらに多くの過剰トウモロコシが生産され、トウモロコシ農家は大きな打撃を受けた。その救済策の一つとして工業原料への活用がより活発に進められた。

米国の大手穀物商社のCargill社は、1989年にPLAの開発に着手して以来、2004年にはDow Chemical社とのJV；Cargill Dow社を設立し、さらにDow Chemical社が撤退した後、Cargill社の100％子会社NatureWorks社を設立し、その後日本の帝人(株)からの出資、撤退などを経て、現在はCargill社とPTT Global Chemical社との共有会社、NatureWorks社がIngeoのブランド名で、PLAを世界に供給している[17),18]。

このトウモロコシの余剰農産物の立場が一変したのが、元ブッシュ大統領が2006年初めに行った一般教書演説である。この演説で、再生可能燃料であるバイオエタノールの使用を義務付けたため、トウモロコシからつくるバイオエタノールブームが起こり、トウモロコシの取り合いとなって価格が急騰、2008年には3倍に達した。2005年当初、米国におけるバイオエタノール製造工場は81カ所であったが、2008年初めには130カ所にも急増し、製造能力は2005年の2.5倍、年間100億ガロンにも達したという[19)]。

ブッシュ政権が制定した「2007年エネルギー法」(2009年施行）では、再生可能燃料の使用義務枠を2022年までに360億ガロンとし、トウモロコシを原料とするエタノールの使用義務は2015年までに150億ガロンとされた。それでも2007年の生産量65億ガロンの2.3倍もの規模である[19)]。それを可能にするためには米国のトウモロコシの生産量を大幅に増産しなければならない。当然のことながら食糧輸入国からは、食料危機を招くと非難の声が上がった。

このような情勢を受けてEUの欧州会議は、2008年9月11日に、穀物由来のバイオ燃料の利用拡大を定めた数値目標を「2020年までにバイオ燃料の利用割合を10％に高める」という目標から6％に引き下げた[20)]。

ところが事態は再度激変した。米国のリーマン·ショックによる世界的経済危機に見舞われ、2008年夏には1バレル当たり150ドルにも達した原油価格は、年末には40ドル近くにまで急落した。それに伴って、シカゴ穀物相場でトウモロコシや大豆の価格は急落し、もとの価格にまで戻ってしまった。この間、米国のエタノール業界の大手、Verasun Energy社が事実上の倒産に至っている[21)]。2009年1月には原油価格は1バレル30ドル台で低迷し[22)]、つれてトウモロコシ価格も急落した[23)]。その後も2010年代に入ってシェールガス、シェールオイルの開発が進み、原油価格は1バレル30～50ドル台に低迷している。

しかし、長期的に見れば世界の食糧需給は逼迫することは明らかで、日本の農林水産省は2018年には2006年比で34～46％上昇すると予測している[24)]。このようにトウモロコシの価格は原油価格につられて不安定で、食糧、バイオエネルギーとプラスチックが原料を取り合うような情勢の下では、PLAの原料としての安定供給は望めず、たとえPLAの性能が改善されたとしても、価格が安定して通常のプラスチック並みになる可能性は低いと考えられる。

10-5　糖類を原料とするバイオベース·プラスチック

DuPont Engineering Polymers社は2006年6月のNPE2006で、エンジニアリングプラスチック（エンプラ）の原料となる3-プロパンジオール（3-

Propanediol：PDO）を、自社独自の特許によるトウモロコシの糖分の発酵方法で量産することに成功し、それを原料としてPoly-Tetramethylene Terephtalate（PTT、商品名Sorona EP）と、熱可塑性エラストマーHytrelの新グレードHytrel RSの開発に成功したことを公開した。このBio-PDOの生産は、DuPont Tate & Lyle社のテネシー州にあるバイオプロダクト工場で、2006年末から年産4.5万トンの生産能力で開始された。この製法では、石油を原料とするPDOを生産する場合に比べて、エネルギー消費量が40％以上節約される。Bio-PDOを年間4.5万トン生産した場合には、3,800万lの石油を節約できるという[25]。

Dupont社は、NPE 2006で公開したSorona EPとHytrel RSの2種類のバイオプラスチックに加えて、翌年のK2007でさらにBio-PDOを原料とするBiomax RS、Solar VPの2種類のバイオプラスチックを開発公開した[26]。

Sorona EPは融点227℃のTPPで、GF15％入りのSorona 3015とGF30％入りのSorona 3030Gの2種類が上市されている。融点はPBTの228℃に近いが、機械的強度や寸法安定性、表面特性などに優れている。**図10-2**に示すようにPLAよりはるかに高い強度を有し、PLAのように補強用のプラスチックをブレンドする必要もない。**写真10-15**はSorona EPでつくられたヘッドランプベーゼルで、再生可能な成分を20～37wt％含むバイオポリエステルプラスチック製品でありながら、従来のPBTと同等の性能を有する[27]。

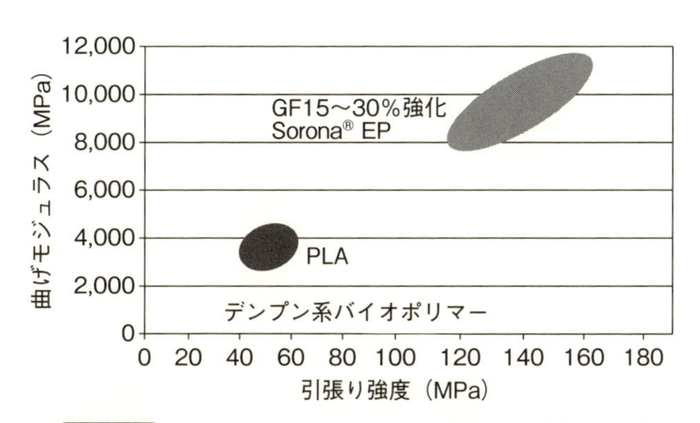

図10-2　Sorona EPとPLAとの強度vs剛性の比較
（NPE 2006、DuPont Engineering Polymers社 News Release）

写真 10-15　DuPont社の再生可能成分を20～37 wt％含むSorona EPでつくられたヘッドランプベーゼル
（NPE 2009にて、DuPont社展示より）

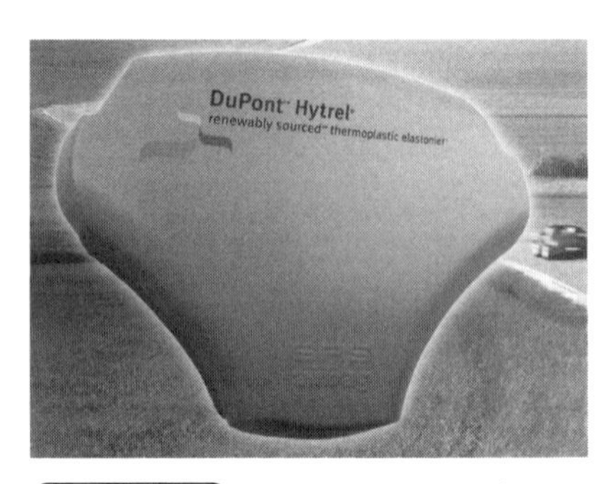

写真 10-16　DuPont社の非食品用バイオマスを原料とする熱可塑性ポリエステルHytrel RSを使ってTakata-Petri of Aschaffenburg社とで共同開発したエアーバックシステム
（K 2010にて、DuPont社提供）

Hytrel RSは、Bio-PDOを原料としてつくられた再生可能なポリオールCerenolから重合されたソフトセグメントと、従来の結晶性ポリエステルPBTをハードセグメントとしたポリエーテル・エステル系の熱可塑性ポリエステルエラストマーである。再生可能成分の含量は、25～50％に達する。**写真10-16**は、DuPont社とドイツのTakata-Petri of Aschaffenburg社とで共同開発したHytrel RSでつくられたエアーバッグシステムで、K 2010で公開された。Bio-PDOは当初トウモロコシの糖からつくられていたが、現在は非食品用バイオマスからつくられている[28]。

10-6　サトウキビを原料とするバイオベース・プラスチック

ブラジルのBlaschem社はサトウキビから得られるエタノールからエチレンを製造し、それを原料としてポリエチレン（PE）を2009年から年産20万トンの生産規模で商業生産入った[29]。日本へは双日(株)が2012年から輸入販売している。ただし、価格は石油系PEよりかなり割高で、汎用プラスチックとしてはあまり普及していない。

Dow Chemical社は2007年10月のK 2007で、ブラジルの最大手のエタノールメーカーの一つ、Crystalsev社と共同で、サトウキビを原料として年産

35万トンのPE工場の計画を発表した。当初、2011年には生産を開始する予定であったが[30]、計画を変更して2011年に日本の三井物産との合弁で2015年に年産35万トンの量産に入ると公表された。PEの性能や価格は、石油系PEと変わりないという[31]。

一方、食糧問題との兼合いはどうか。砂糖も食糧問題とは無関係ではない。しかし、トウモロコシからのデンプンのような大きな影響は受けていない。その最大の違いは、砂糖はトウモロコシのような主食ではなく調味料の一種である点だ。さらに、ブラジルでは石油の産出がほとんどないために、サトウキビからのエタノールの生産は、以前から自動車の燃料として工業的に成り立っていた。その上、サトウキビはトウモロコシや大豆などの生育に不適な亜熱帯、熱帯地方で主として栽培されているので、トウモロコシや大豆の価格が高騰しても、サトウキビからの転作は少ないとみられる。したがって、砂糖の食糧としての必要量が満たされていれば、余剰分は工業用として安定供給できると見られている。

他方、PEの価格は、プラスチックの中でも最も安い上に、最近のシェールガス開発により、石油系原料からつくられたPEよりもシェールガスを原料としたPEは、さらに低価格になっている。したがって、砂糖を原料とするPEは、価格面で極めて不利な状態にある。エンプラのような付加価値の高いプラスチックが、砂糖を原料として開発されなければ、砂糖は燃料としてのエタノールの供給源としての役割が主なものとなると考えられる。

10-7　セルロースを原料とするバイオベース・プラスチック

食糧と競合しない再生可能なプラスチック原料として、トウモロコシ収穫時の廃棄物やサトウキビの絞りかすなどのセルロースが注目されている。これらのセルロースは酵素などによって糖に分解され、エタノールやプロパノールなどに変化させることができる。

Dow Chemical社は、日本の地球環境産業技術研究機構（RITE）が開発した遺伝子組み換え微生物を使い、セルロースからプロパノールを量産する実証プラントを2010年に米国に建設する計画を発表した[32]。この技術では、雑草

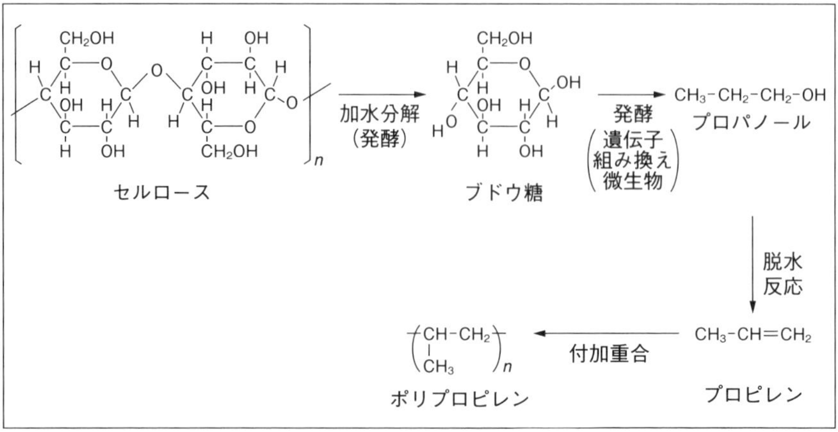

図10-3　セルロースからプロパノールを経てポリプロピレンをつくる工程

1 kgから200～300 gのプロパノールが得られるとのことで、このプロパノールを脱水処理すればPPの原料となるプロピレンを得ることができる（**図10-3**）。Dow Chemical社は中南米で量産に乗り出すとのことで、原料として、サトウキビの絞りかすなどが考えられる。コスト面では原油価格が1バレル60ドル以上なら競争力があるという。

早稲田大学では植物の主成分であるセルロースから、プロピレンやブテンをつくる技術の開発に成功した。セルロースと白金をつけた多孔質のゼオライトを水に入れ、170℃で1～2時間加熱すると、セルロースが糖を経てプロピレンやブテンに変わるという。コストを下げ、実用化を目指す研究が続けられている[33)]。

10-8 藻類の油を原料とする石油代替燃料の開発

近未来の石油代替物質として、藻類に含まれる油が注目されている。現在はジェット燃料として開発が進められているが、燃料としての採算性が確立すれば、やがてプラスチックの原料として役立つことが期待される。

筑波大学では、早くから藻の一種ボトリオコッカスが多量の油成分を生産することに注目し、その量産化の研究を続けている。多くの藻類が生産するオイルはトリグリセリド（植物系オイル）で、細胞内に蓄積されるが、ボトリオコッカスが生産するオイルは炭化水素（石油系オイル）で、細胞外に分泌され、コロニー内に蓄積される。現在、科学技術振興機構の戦略的創造研究事業により、生産効率向上のための技術開発を行っている[34)]。

また、多くの企業が藻類から燃料となる油を生産する実用化研究を開始している。

(株)IHIは、ちとせ研究所、神戸大学と共同で、鹿児島市に1,500 m^2のボトリオコッカスの屋外培養施設を構築している。Jパワー（電源開発）は、東京農工大学および日揮(株)との共同で、珪藻のソラリス株とルナリス株を使い分けて年間を通じ油を生産できる研究を続け、北九州市の計400 m^2の培養槽で連続培養試験を実施している。デンソー(株)は、中央大学、(株)クボタおよび出光興産(株)と共同でシュードコリシスチスの培養試験のため、西尾市で計220 m^2の培養槽を設置した。DIC(株)は、神戸大学および基礎生物研究所との共同で、米国に計100 m^2の培養槽を設置し、クラドモナスの大規模培養研究に入った[35)]。

藻類からの油は、現在ジェット燃料として開発されているが、まだ価格が数倍高く、実用化までには更なる生産性の向上が必要とされる。近い将来、ジェット燃料としての生産性が確立されれば、やがて石油化学の石油を再生可能な藻類からの油で置き換えることが可能になるものと期待される。

参考文献

1）舊橋章：プラスチック開発海外情報132、工業材料、2009年4月号、p. 76～77
2）http://www.ai-es.com/
3）舊橋章：プラスチック開発海外情報132、工業材料、2009年4月号、p. 77～78
4）舊橋章：K2010レポートⅠ、プラスチックスエージ、2011年3月号、p. 80
5）舊橋章：K2007レポートⅠ、プラスチックスエージ、2008年2月号、p. 122
6）舊橋章：K2010レポートⅠ、プラスチックスエージ、2011年3月号、p. 79～80
7）舊橋章：K2007レポートⅠ、プラスチックスエージ、2008年2月号、p. 122
8）舊橋章：プラスチック開発海外情報、132、工業材料、2009年4月号、p. 78～79
9）舊橋章：K2010レポートⅠ、プラスチックスエージ、2011年3月号、p. 80
10）舊橋章：K2010レポートⅠ、プラスチックスエージ、2011年3月号、p. 80～81

11）舊橋章：K2010 レポートⅠ、プラスチックスエージ、2011 年 3 月号、p. 81
12）Plastics Today, 2011 年 10 月 5 日号
13）舊橋章：プラスチック開発海外情報 132、工業材料、2009 年 4 月号、p. 79〜80
14）舊橋章：プラスチック開発海外情報 132、工業材料、2009 年 4 月号、p. 80
15）舊橋章：プラスチック開発海外情報 132、工業材料、2009 年 4 月号、p. 80〜81
16）Plastics Today、2011 年 9 月 1 日号
17）舊橋章：プラスチック開発情報 133、工業材料、2009 年 5 月号、p. 95
18）http://www.natureworksllc.com/Japan/About-NatureWorks
19）週間東洋経済、2008 年 12 月 20 日号、p. 32〜33
20）日本経済新聞、2008 年 9 月 12 日
21）日本経済新聞、2008 年 11 月 3 日
22）日本経済新聞、2009 年 1 月 16 日
23）日本経済新聞、2009 年 1 月 15 日
24）日本経済新聞、2009 年 1 月 17 日
25）Dupot Engineering Polymers、NPE 2007 Press release
26）Dupont、K2007 Press release EP K2007-01
27）舊橋章：NPE 2009 レポート（Ⅰ）、プラスチックスエージ、2009 年 10 月号、p. 70
28）舊橋章：K 2010 レポートⅠ、プラスチックスエージ、2011 年 3 月号、p. 81
29）惠谷浩：工業材料、2009 年 1 月号、p. 76
30）舊橋章：プラスチックスエージ、2008 年 2 月号、p. 122
31）日本経済新聞、20011 年 7 月 20 日
32）日本経済新聞、2008 年 10 月 17 日
33）日本経済新聞、2015 年 5 月 25 日
34）http://www.tskuba.ac.jp/notes/001/index.html
35）日本経済新聞、2015 年 10 月 2 日

索　引
（五十音順）

● あ 行 ●

● か 行 ●

索　引

●さ行●

●た行●

索　引

● ま 行 ●

● や 行 ●

● ら 行 ●

● わ 行 ●

● 数・英 ●

索　引

索　引

◇著者略歴◇

舊橋　章（ふるはし　あきら）

プラスチックコンサルタント事務所所長・工学博士
1934年、茨城県生まれ。
56年、茨城大学文理学部理学科卒業。
59年、日本電電公社（現NTT）電気通信研究所入所、電気通信材料の研究に従事。68年、日産化学工業（株）入社、同社高分子研究所で各種プラスチックの研究・開発に従事。72年より92年まで千葉大学理学部化学科非常勤講師。
83年、プラスチックコンサルタント事務所開設。
著書：「製品開発に役立つプラスチック入門」
（日刊工業新聞社）
「実践 高付加価値プラスチック成形法」
（日刊工業新聞社）

自動車軽量化のためのプラスチック材料　NDC 578

2016年2月29日　初版1刷発行

（定価はカバーに表示してあります。）

©　著者　舊橋　章
発行者　井水治博
発行所　日刊工業新聞社

東京都中央区日本橋小網町 14-1
（郵便番号 103-8548）
電話　書籍編集部　03（5644）7490
販売・管理部　03（5644）7410
FAX　03（5644）7400
振替口座　00190-2-186076
URL　http://www.pub.nikkan.co.jp/
e-mail　info@media.nikkan.co.jp

製作　（株）日刊工業出版プロダクション
印刷・製本　美研プリンティング（株）

落丁・乱丁本はお取り替えいたします。2016 Printed in Japan

ISBN 978-4-526-07519-3　C 3043